最初からそう教えて
くれればいいのに！

Excel
パワーピボット&
パワークエリの
ツボとコツが
ゼッタイにわかる本
・超入門編・

立山秀利 ● 著

秀和システム

はじめに

. . . .

　どの業種・業務でも、多くの人の日常の仕事に欠かせない表計算ソフト「Excel」。通常はデータを入力し、罫線を引くなどデザインも設定したりして表を作成します。そのうえで、数式や関数を使って計算したり、グラフを作成したりするでしょう。

　Excelの機能のひとつに「ピボットテーブル」があります。例えば売上データの表があれば、どの商品がどの店舗でどれだけ売上があったのかなど、切り口をいろいろ変えながら集計・分析できる機能です。

　Excelにはパワーピボットに加え、その進化版と言える「パワーピボット」も標準で搭載されています。あわせて、データの取り込みや整形などが行える強力なツールの「パワーピボット」も標準で搭載されています。

　名前を少し聞いたことがある程度かもしれませんが、パワーピボットもパワークエリも高機能・多機能であり、一昔前なら高額な別のソフトとして発売されていてもおかしくないほどです。これらを使うことができれば、一歩先に進んだデータ収計・分析ができ、仕事で大いに活躍するでしょう。

　しかし、パワーピボットとパワークエリを学ぼうとして、早い段階で挫折してしまう人も少なくありません。よくあるパターンが高機能・多機能であるゆえ、いきなり高度な機能をいくつも同時に使って学ぼうとするケースです。

　確かに高度な機能をいくつも同時に使っても、書籍やWebの解説にしたがって操作すれば、集計・分析ができます。しかし、それだけでは結局、何をやっているのか、なぜその操作が必要なのかなどが理解できないものです。実のある知識やノウハウを身に付けられず、自分の仕事に活かせないまま終わってしまうでしょう。

　本書はパワーピボットとパワークエリをはじめて触る、耳にする初心者向けの「超入門」です。知識ゼロからスタートし、パワーピボットとパワークエリを業務で使えるようになるための"基礎の基礎"をジックリ解説します。

　本書で解説するレベルはごく初歩的なものばかりですが、何をやっているのか、な

ぜその操作が必要なのかなどをキチンと理解しながら学べるので、実のある知識やノウハウを身に付けられます。さらに詳しくは第1章で改めて解説しますが、パワーピボットとパワークエリを学ぶ順番も、はじめて触る、耳にする初心者向けに最適な流れとしています。

　そのため、パワーピボットとパワークエリをはじめて触る、耳にする方も、チャレンジしたが挫折した経験がある方も、安心して本書で学べます。とはいえ、関数やピボットテーブルなどの機能に比べて、内容がそれなりに高度であり、学ぶ量も多くなります。一読しただけでは身に付かないので、適宜おさらいしてください。そのなかで知識への理解を深め、操作に馴染んでいくなどして、自分の血肉にしていってください。

　それでは、パワーピボットとパワークエリの "基礎の基礎" を学んでいきましょう！

立山秀利

ダウンロードファイルについて

　本書での学習を始める前に、本書で用いるExcelブック（ファイル）一式を、秀和システムのホームページから本書のサポートページへ移動し、ダウンロードしておいてください。ダウンロードファイルの内容は同梱の「はじめにお読みください.txt」に記載しております。

●秀和システムのホームページ

　ホームページから本書のサポートページへ移動して、次の本書サポートページからダウンロードしてください。

　URL　https://www.shuwasystem.co.jp/support/7980html/7156.html

本書の環境について

本書は執筆時のMicrosoft 365のExcelの環境で執筆しています。

永続版のExcelはExcel 2016以降をご利用ください。

最初からそう教えてくれればいいのに！

Excel パワーピボット&パワークエリのツボとコツがゼッタイにわかる本

超入門編

Contents

第3章　パワーピボットでより高度な集計・分析を行おう

第4章　大事な基礎知識！　リレーションシップを学ぼう

第5章　複数の表でパワーピボットを使おう

Column

第 1 章

パワーピボットと
パワークエリを
はじめよう

パワーピボットとパワークエリの世界へようこそ！　本書でこれから両者の具体的な使い方のキホンを学んでいきます。それにあたり、最低限知っておきたい全体像の知識を本章で身に付けておきましょう。

1-1 ピボットテーブルによる データ分析とその問題点

ビジネス現場のデータ分析の代表的な手法

ビジネスの現場では、企業・組織の業種や規模にかかわらず、蓄積した大量のデータを分析し、傾向などを見出して、その後の業務に活かしたいというニーズは多いでしょう。例えば、企業が自社製品の日々の販売データを分析し、販売戦略の改善や新商品企画などに役立てるといったケースです。一方、ビジネスではなくプライベートにおいても、例えば家計簿を分析して節約に役立てるなどが考えられるでしょう。

そのような分析において、一般的によく使われる手法が「**クロス集計**」です。例えば、商品の販売データを商品別、カテゴリ別、月別、曜日別、拠点（店舗）別、地域別、担当者別などのさまざまな切り口の項目のデータを組み合わせ、売上の合計金額や平均、数量など集計して分析する手法です。

クロス集計をもっと細かく見ていくと、次の3つの手法も併用されます（図1）。

<1>ダイス

分析対象となる項目の組み合わせを変えつつ集計。例えば、商品別の売上を拠点別や担当者別などと組み合わせを変えて集計します。

<2>スライス

集計結果を指定した項目で切り出して抽出。例えば、商品別・拠点別の売上を、指定した拠点のみ抽出します。

<3> ドリルダウン

指定した集計結果をさらに展開して詳細を確認。言い換えると、集計の粒度をより細かくすることです。たとえば、指定した商品・拠点の売上の集計を展開し、売上の詳細を確認します。なお、展開したデータを再びまとめることは**ドリルアップ**と呼ばれます。

図1　クロス集計におけるダイス、スライス、ドリルダウン

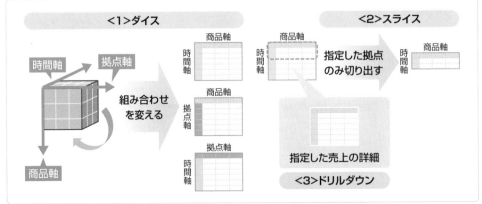

Excelでクロス集計ならピボットテーブル

先述のようなクロス集計によるデータ分析をExcelで行いたい際、利用する機能がピボットテーブルです。使った経験がある人も少なくないでしょう。

ピボットテーブルでは表の縦軸と横軸に商品や拠点などの項目を指定し、その中に売上合計などの集計結果を配置することで、クロス集計を行います。縦軸と横軸に指定する項目を適宜変更することでダイスができます（図2の<1>）。

図2　ピボットテーブルによるクロス集計

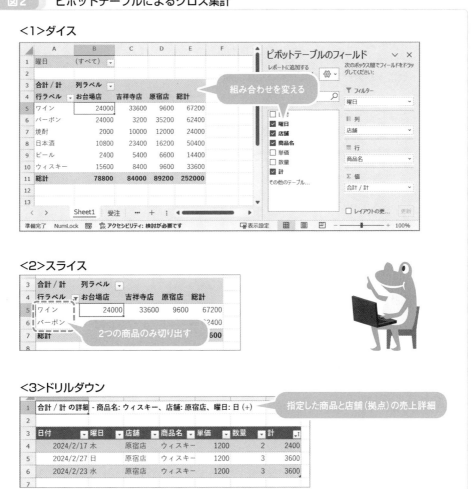

また、フィルター機能などによって項目を絞り込むことでスライスができます（図2の<2>）。

ドリルダウンは図2の<3>です。ピボットテーブルの行や列に複数の項目を指定し、展開もしくは折りたたんで集計の粒度を変えることで、ドリルダウンやドリルアップができます。

例えば、行に拠点と商品を指定したとします。拠点を上位、商品を下位に配置したとします。各拠点の集計が表示された状態で、商品のデータを展開して詳細を確認すればドリルダウン、折りたためばドリルアップになります。また、集計結果のセルをダブルクリックして、詳細を表示／非表示にすることでも、ドリルダウン／ドリルアップができます。

● ピボットテーブルのここが問題

このようにピボットテーブルはクロス集計が手軽に行える便利な機能です。ただし、ちょっとしたクロス集計なら問題ないのですが、行いたい分析のレベル、データの規模、分析元のデータの表の体裁などによっては、残念ながらいくつかの問題に直面します。代表的な問題が次の4つです（図3）。

図3 ピボットテーブルで直面する主な問題

❶ 高度な集計ができない／手間がかかる

❷ 複数の表で構成された元データへの対応の手間

❸ 大量のデータに弱い

❹ データを整える手間

●（1）高度な集計ができない／手間がかかる

ピボットテーブルの集計方法は合計や平均といったベーシックなものが中心です。「集計フィールド」機能もありますが、基本的には単純な計算式や関数しか使えず、高度な計算はできません。もしくは高度な計算をするための計算式の記述などに多くの手間がかかります。

例えば、よくある「単価と数量を掛けた金額の合計」は、集計フィールドでは原則、一発では出せません。また、同じ拠点の商品別売上の前年比を知りたい場合は原則、集計するまでに少し手間がかかります。しかも、前月比や前期比など集計の切り口を変えたい場合、さらに多くの手間を強いられます。

●（2）複数の表で構成された元データへの対応の手間

ピボットテーブルは大前提として、1つの表のみが対象になります。その1つの表に集計・分析対象のデータの項目がすべて揃っている必要があります。

しかし、ビジネスの現場では実際、必要なデータが複数の表に分散しているケースが多々あります。その場合、データをコピペするか、もしくはVLOOKUP関数やXLOOKUP関数などで紐づけて抽出して、1つの表にまとめなければなりません。前者だと、手間がかかるだけでなく、ミスの恐れも常につきまといます。後者だと、関数の入力の手間はともかく、量が

増えるとExcelの処理が重くなり、業務に支障をきたすようになってしまいます。

　しかも、複数の表が別々のブック（ファイル）に分散して用意されるケースもあります。その場合、各ブックの各表をいったん1つのブックにコピペなどで集約してから、改めて1つの表にまとめるなど、より手間がかかります。

(3)大量のデータに弱い

　そもそもExcelはデータの数が増えるほど、処理が重くなります。これはピボットテーブルでも同様です。ビジネスの現場では、何十万件のデータを扱うケースも少なくありません。そのようなデータをピボットテーブルで分析しようとすると、処理が重くなってしまいます。加えて、扱えるデータの上限は約104万行という制限もあります。約104万行と聞くと、非常に余裕がありそうに思えますが、ビジネスのデータでは十分ではないケースがよくあります。

(4)データを整える手間

　こちらは厳密にはピボットテーブルとは直接関係ない問題ですが、ピボットテーブルの大前提には1つの表であることに加え、各データが分析可能な“キレイな状態”であることも必須です。逆に“汚い状態”のデータとは、例えば住所など文字列データの表記が統一されていなかったり、日付データなのに文字列の形式になっていたりするなどです。

　そういった“汚い状態”のデータを“キレイな状態”に整えるには、手作業なら置換機能などを駆使しても膨大な手間がかかり、ミスの恐れもつきまとうものです。手作業はその上、再現性がないため、新しいデータが届くたびに同じ作業を強いられます。そこで、マクロ／VBAを使って自動化する手もありますが、初心者にはハードルが高い作業です。

　また、もともと“キレイな状態”であったとしても、分析を行うために変換や整形がどうしても必要になるケースもしばしばあります。さらに関連して、別ブックに分散しているデータの取り込み作業においても、ほぼ同じ問題に直面してしまいます。

パワーピボットとパワークエリなら大丈夫！

　ここまで解説したとおり、ピボットテーブルは分析の高度さ、データの規模、分析元のデータの表の体裁などによって、さまざまな問題に直面してしまいます。そこで利用したいExcelの機能が、本書のテーマである「パワーピボット」（Power Pivot）と「パワークエリ」（Power Query）です。

　パワーピボットとはザックリ言えば、“ピボットテーブルの進化版”です。詳しくは次章から順を追って解説していきますが、全体像だけここで紹介すると、パワーピボットならピボットテーブルでは不可能な高度な集計・分析が行えたり、もしくはピボットテーブルでは多くの手間がかかる集計・分析が比較的容易に行えたりします。その上、集計・分析元のデータが複数の表に分散しているケースにも、しっかり対応できます。そして、データ量が多くなっても、ピボットテーブルと比べたら、処理が重くなることは劇的に減ります。約104万行という制限もありません。

　パワークエリも第6章でキホンを順に解説していきますが、ザックリ言えば、複数のブック

などに分散したデータを取り込んだり、"キレイな状態"に整えたりするためのツールです。さらに、CSVファイルなど、Excel標準（拡張子「.xlsx」など）以外の形式のファイルからも、データを取り込めます。これらの作業をドラッグ操作で簡単に自動化できるので、マクロ／VBAで苦労する必要はなくなります。

　ここまでを大まかにまとめると、パワーピボットが集計・分析の役割を担い、パワークエリが分析用データを取り込む／整える役割を担うという関係になります（図4）。

図4　パワーピボットとパワークエリの役割

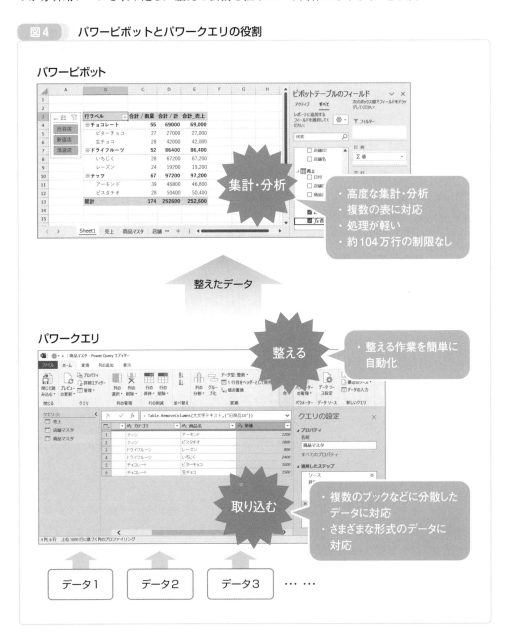

　主役はあくまでも集計・分析を行うパワーピボットです。パワークエリは先ほどの繰り返しになりますが、その集計・分析用のデータを取り込む／整える役割であり、少々乱暴な言い方をすれば、「パワーピボットのサポート役」と言えます。パワーピボットで集計・分析を行うにあたり、その前段階の処理として、対象となるデータを取り込み、必要に応じて整える作業は、手作業でもできないことはないのですが、はるかに効率よく行うためにパワークエリを使うのです。

　そして、次章で実際に体験していただきますが、実はパワークエリを使わなくとも、パワーピボット自体は単体でデータの集計・分析が行えます。現実的にはパワークエリを使うケースが圧倒的に多いのですが、厳密には必須というわけではないのです。

　以上がパワーピボットとパワークエリの全体像であり、これから具体的な使い方を学んでいくにあたり、最低限知っておきたい知識になります。

　ここでパワーピボットとパワークエリについて挙げた問題解決／メリットを実現する機能は、かつては高価な専用システムを導入しなければ利用できなかったものばかりでした。それが今ではパワーピボットおよびパワークエリという機能として、Excelに最初から標準で搭載されており、誰でも利用できるようになったのです。

　なお、パワーピボットとパワークエリを駆使して集計・分析を行うスタイルは「モダンExcel」と呼ばれることもあります。

1-2 パワーピボットと パワークエリを学ぼう

パワーピボットとパワークエリの学び方のコツ

前節で紹介したとおり、パワーピボットとパワークエリはデータ集計・分析で大変便利で強力な機能なので、ぜひとも使い方を身に付けたいものです。

初心者がパワーピボットとパワークエリを学ぶ際には、いくつか注意が必要であると筆者は考えています。両者とも、Excelの基本的な機能に比べて難易度が高く、かつ学ぶ内容も広範囲におよびます。それゆえ、初心者が最初から同時に、すべての範囲について高度な内容を学ぼうとすると、高い確率で挫折してしまうでしょう。

例えば、学び始めからいきなりパワーピボットとパワークエリの両方を同時に使い、なおかつ、高度な機能をいくつも連続して使っていくといった学び方です。言われた通りにExcelを操作すれば、確かに想定した結果は得られますが、結局は根本から理解して身に付けられず、自分の仕事に活かせないでしょう。

加えて、複数の表でパワーピボットを使う際、「リレーションシップ」(詳細は後述)という概念・仕組みが不可欠となります。このリレーションシップをしっかりと理解しないままパワーピボットを使っても、同じく実践力が身に付かず、自分の仕事に活かせないでしょう。

また、学習に使う集計・分析対象のデータも、いきなり何千何万行もある表のデータを使っては、結局自分の意図通り集計・分析できたのかどうか、意図通り取り込む/整えることができたのか、初心者には判断が難しく、こちらもパワーピボットとパワークエリの実践力が身に付かない要因のひとつと言えます。

本書の学習の流れ

本書は以上を踏まえ、初心者でも極力挫折しにくいようなパワーピボットとパワークエリの学び方に基づいて解説していきます。集計・分析に最小限必要となる機能から1つずつ順番に使っていきます。そのなかで、必要な知識や操作方法などを身に付けていきます。

具体的には図1のような流れで学びます。一般的なデータ分析の流れと対比させつつ、本書の学習の流れを示した図になります。

図1 本書の学習の流れ

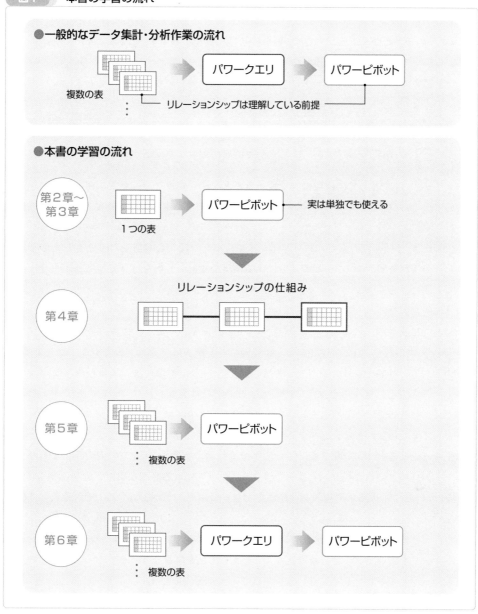

本書では、最初はパワークエリではなく、パワーピボットのみを使い、その基礎を学ぶと します。

　一般的なデータ分析の作業の流れは、前節の図4などで述べたように、集計・分析対象のデー タをパワークエリで取り込んで整えた後、パワーピボットを使って実際の集計・分析を行う ことになります。実務では確かに「パワークエリ→パワーピボット」という順番で使うこと が非常に多いのですが、前節で述べたとおり、あくまでも分析の主役はパワーピボットです。

そして、実はパワークエリを使わなくとも、パワーピボットだけ単体で使えます。

　しかも、初心者がパワークエリだけを先に学んでも、何にどう使って、どんなメリットがあるのか、いまひとつイメージできず、理解の妨げになりがちです。しかし、先にパワーピボットによる集計・分析の基礎を把握しておけば、そのあとにパワークエリを学んだ際、「パワーピボットで集計・分析に使うデータは、こうやって読み込む／整えるんだな」と、よりイメージしやすくなり、学習もよりスムーズに進むでしょう。

　以上の理由から本書では、先にパワーピボットのみを学びます。次章である第2章と第3章が該当します。

　そして、本書ではパワーピボットは最初、1つの表のみで学びます。前節では、パワーピボットのメリットの1つとして、複数の表で使えることを紹介しました。ただ、初心者がいきなり複数の表によるパワーピボットを学ぶと混乱しがちなので、本書では最初は1つの表だけを使うとします。

　第2章では、1つの表のみでパワーピボットを作成し、簡単な集計を行うところまでを学びます。その次の第3章でパワーピボットによる高度な集計・分析を行う方法の基礎を身に付けます。そのなかで、通常のピボットテーブルとどこがどう違うのか、より高度な集計・分析とは具体的に何なのかも学びます。

　そのあとに複数の表によるパワーピボットを学びます。ただし、複数の表によるパワーピボットを学ぶには、大切な前提知識として先述のリレーションシップの理解が欠かせません。先述のとおり、リレーションシップがわかっていないと、複数の表によるパワーピボットの使い方を学んでも、結局何をやっているのか初心者には大変わかりづらいものです。そこで本書では、複数の表によるパワーピボットを学ぶ前に、第4章で、リレーションシップを手厚く解説します。複数の表によるパワーピボットはその次の第5章で学びます。

　以上をまとめると本書の第2章以降の学習の流れは、第2章にて1つの表のみによるパワーピボットの作成と簡単な集計、第3章でパワーピボットによる高度な集計・分析、第4章でリレーションシップ、第5章で複数の表によるパワーピボットという順番で、それぞれの基礎を学びます。

　パワーピボットの基礎は以上であり、その次の第6章にてパワークエリの基礎を学びます。パワークエリを用いてデータを読み込んで、整える方法を学びます。そうやって用意したデータを使い、パワーピボットで集計・分析することまでを体験します。

　本書の学習の流れは以上です。

　また、本書の学習に用いるサンプルのデータはシンプルなものを用います。行数が少ないなど、ビジネスの現場におけるリアリティには欠けますが、わかりやすさを優先したサンプルを採用するとします。

1つの表で
パワーピボットの
基礎を学ぼう

本章では、1つの表だけを用いて、パワーピボットの基礎を学びます。具体的には、パワーピボットを作成し、簡単な集計を行う方法までを学びます。そのなかで操作手順とともに、「データモデル」という新しい概念・仕組みが登場しますが、全体像のイメージさえ把握できれば問題ないので、どんどん学習を進めてください。

2-1 パワーピボットを使うための準備

サンプル紹介

　本章から第5章にかけて、パワーピボットの基礎を学びます。まず本章では、前章1-2節で提示したとおり、1つの表（単一の表）だけを用いたパワーピボットを解説します。パワーピボットの作り方を中心に、ごく基本的な集計・分析まで行います。前章でも述べたとおり、パワーピボットのメリットのひとつが複数の表で使えることですが、初心者がより理解しやすくなるよう、1つの表で学び始めます。

　それではさっそく解説を始めます。

　ここでパワーピボット自体の解説の前に、本章で用いるサンプルを紹介します。本書ダウンロードファイル（入手方法は5ページ参照）に含まれているExcelブック「売上1.xlsx」です。

　では、お手元のパソコンにて、本書ダウンロードファイルの売上1.xlsxを適当な場所にコピーしたら、ダブルクリックするなどして、Excelで開いてください（画面1）。

▼画面1　本章サンプル「売上1.xlsx」を開いた画面

	A	B	C	D	E	F	G
1	日付	店舗名	カテゴリ	商品名	単価	数量	
2	2024/3/24	渋谷店	ドライフルーツ	いちじく	2,400	1	
3	2024/3/24	新宿店	ナッツ	アーモンド	1,200	4	
4	2024/3/24	池袋店	チョコレート	ビターチョコ	1,000	2	
5	2024/3/24	新宿店	ナッツ	ピスタチオ	1,800	2	
6	2024/3/25	池袋店	ドライフルーツ	レーズン	800	3	
7	2024/3/25	渋谷店	チョコレート	生チョコ	1,500	1	
8	2024/3/25	新宿店	ドライフルーツ	いちじく	2,400	2	
9	2024/3/25	新宿店	ナッツ	ピスタチオ	1,800	1	
10	2024/3/25	渋谷店	ドライフルーツ	レーズン	800	1	
11	2024/3/25	新宿店	ナッツ	アーモンド	1,200	2	
12	2024/3/26	渋谷店	ドライフルーツ	いちじく	2,400	4	
13	2024/3/26	池袋店	ドライフルーツ	いちじく	2,400	2	
14	2024/3/26	池袋店	ナッツ	ピスタチオ	1,800	5	
15	2024/3/26	新宿店	チョコレート	生チョコ	1,500	2	
16	2024/3/27	新宿店	チョコレート	ビターチョコ	1,000	3	
17	2024/3/27	渋谷店	ナッツ	アーモンド	1,200	2	
18	2024/3/27	渋谷店	チョコレート	生チョコ	1,500	1	
19	2024/3/27	新宿店	ドライフルーツ	レーズン	800	1	

この売上データの表で、パワーピボットを学んでいくよ

　ワークシートは1枚（1つ）だけであり、名前は「売上」です。そのワークシート「売上」のA1セルを起点に、表が1つだけあります。列はA～Fの計6列です。1行目（行番号1）は見出し（列見出し）です。2行目以降にはデータが入力されています。列方向に各項目が並び、1つの行でひとまとまりのデータという標準的な形式の表です。

　「売上1.xlsx」の表の想定シチュエーションは、架空の食料品販売業者の売上データです。各列の項目は以下のとおりです。

A列： 日付
B列： 店舗名
C列： カテゴリ
D列： 商品名
E列： 単価
F列： 数量

　A列「日付」は売上があった年月日です。Excel標準の日付データの形式（シリアル値）で入力しています。セルの表示形式は「短い日付」に設定しています。

　画面1のA列「日付」をよく見ると、同じ日付が何行かに渡って入力されています。これは同じ日に売上が複数件あることを意味します。

　B列「店舗名」は売上があった店舗の名称です。本サンプルでは、以下の3つの店舗とします。

渋谷店
新宿店
池袋店

　C～E列は商品の情報です。C列「カテゴリ」は商品のカテゴリです。本サンプルでは、以下3種類のカテゴリを取り扱うとします。

ドライフルーツ
ナッツ
チョコレート

　D列「商品名」は商品の名称、E列「単価」は商品の単価です。本サンプルでは、次の表1の6種類の商品を取り扱うとします。カテゴリも併記しておきます。

▼**表1** 「売上1.xlsx」で扱う6種類の商品

カテゴリ	商品名	単価
ドライフルーツ	レーズン	¥800
ドライフルーツ	いちじく	¥2,400
ナッツ	アーモンド	¥1,200
ナッツ	ピスタチオ	¥1,800
チョコレート	ビターチョコ	¥1,000
チョコレート	生チョコ	¥1,500

　なお、E列「単価」のセルの表示形式は「通貨」に設定せず、「標準」のままとします。

　F列「数量」は商品が売れた個数です。

　以上が本章サンプルの表の列の内容です。これらA～F列の項目のデータが83行目まで入力してあります（画面2）。

▼**画面2** 83行目まで売上データが入力してある

	A	B	C	D	E	F
76	2024/4/5	池袋店	ドライフルーツ	レーズン	800	1
77	2024/4/5	渋谷店	チョコレート	生チョコ	1,500	2
78	2024/4/6	新宿店	ナッツ	アーモンド	1,200	3
79	2024/4/6	渋谷店	ドライフルーツ	いちじく	2,400	1
80	2024/4/6	新宿店	ナッツ	アーモンド	1,200	3
81	2024/4/6	新宿店	ナッツ	ピスタチオ	1,800	1
82	2024/4/6	渋谷店	チョコレート	生チョコ	1,500	2
83	2024/4/6	池袋店	ドライフルーツ	レーズン	800	2
84						

最後の売上データは
83行目だね。

　画面2のように本章サンプル「売上1.xlsx」は、見出し行を除いた2行目から83行目まで、計82件の売上データが入力された表になります。1行目の見出し行をあわせたA1～F83セルの表が、本章での集計・分析対象のデータに該当します。

　ここまで紹介した「売上1.xlsx」の列構成など全体像を図1にまとめておきます。

図1　本章サンプル「売上1.xlsx」の全体像

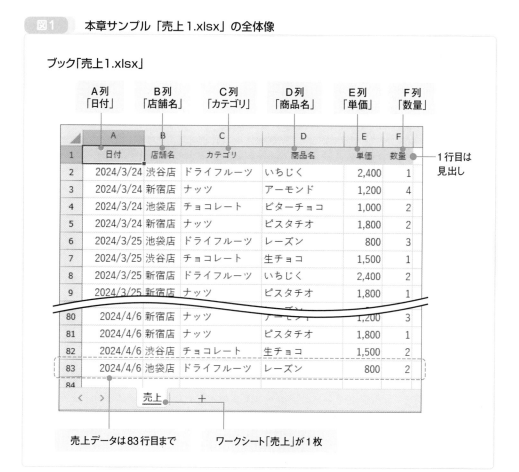

ブック「売上1.xlsx」

	A列「日付」	B列「店舗名」	C列「カテゴリ」	D列「商品名」	E列「単価」	F列「数量」
1	日付	店舗名	カテゴリ	商品名	単価	数量
2	2024/3/24	渋谷店	ドライフルーツ	いちじく	2,400	1
3	2024/3/24	新宿店	ナッツ	アーモンド	1,200	4
4	2024/3/24	池袋店	チョコレート	ビターチョコ	1,000	2
5	2024/3/24	新宿店	ナッツ	ピスタチオ	1,800	2
6	2024/3/25	池袋店	ドライフルーツ	レーズン	800	3
7	2024/3/25	渋谷店	チョコレート	生チョコ	1,500	1
8	2024/3/25	新宿店	ドライフルーツ	いちじく	2,400	2
9	2024/3/25	新宿店	ナッツ	ピスタチオ	1,800	1
80	2024/4/6	新宿店	ナッツ	アーモンド	1,200	3
81	2024/4/6	新宿店	ナッツ	ピスタチオ	1,800	1
82	2024/4/6	渋谷店	チョコレート	生チョコ	1,500	2
83	2024/4/6	池袋店	ドライフルーツ	レーズン	800	2
84						

1行目は見出し

売上

売上データは83行目まで　　ワークシート「売上」が1枚

この売上の表をサンプルとして用いて、これからパワーピボットの基礎を学んでいきます。実際のビジネスでの売上データと比べると、件数が少なすぎますし、列の数ももっと多くの種類のデータを入力・管理するものですが、本書では解説をより理解しやすくするため、このようなシンプルなサンプルを用いるとします。

パワーピボットのアドイン有効化

ここからはパワーピボットそのものの使い方の解説に移ります。まずはパワーピボットの準備です。

Excelは標準の状態では、「パワーピボットを使いたい！」と思い、リボンやメニューをザッと見ても、パワーピボット関連のボタン類はほとんどの人がすぐには見つけられないでしょう。

実はExcelにパワーピボットはアドインとして用意されているため、標準状態のままで使えないので、有効化して使えるようにする必要があります。

パワーピボットのアドインを有効化して使えるようにする方法は何通りかありますが、本

書では次の方法を用いるとします。［データ］タブの「データツール」グループにある［Power Pivotウィンドウに移動］という小さな緑色のボタンによる方法です。

では、お手元のExcelにて、［データ］タブの［Power Pivotウィンドウに移動］をクリックしてください（画面3）。

▼**画面3** ［Power Pivotウィンドウに移動］をクリック

小さいアイコンだから
見つけにくいよ

画面4のメッセージが表示されるので、［有効化］をクリックしてください。なお、メッセージの中には「データ分析アドイン」と表示されますが、ちゃんとパワーピボットを有効化できます。

▼**画面4** ［有効化］をクリック

これでパワーピボット
を有効化できるよ

これでパワーピボットのアドインが有効化されました。すると画面5のように、Excelのブックのウィンドウ（ワークシートなどがあるExcel本体）とは別に、タイトルバーに「Power Pivot for Excel～」と表示されたウィンドウが新たに表示されます。このウィンドウは通常、「Power Pivotウィンドウ」と呼びます。

▼**画面5　ブックとは別にPower Pivotウィンドウが表示される**

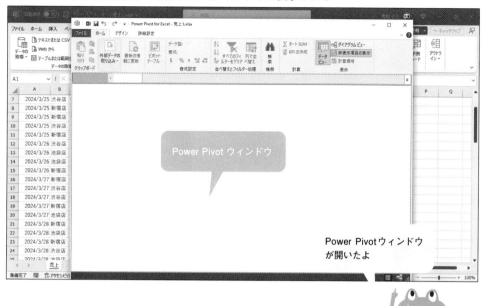

そして、Power Pivotウィンドウとともに、ブックを見ると、リボンにはパワーピボット操作用の［Power Pivot］タブが新たに表示されます。画面6はブックの任意の場所をクリックして表示を切り替え、さらに［Power Pivot］タブをクリックして、［Power Pivot］タブを表示した状態です。

▼**画面6　ブックに新たに表示された［Power Pivot］タブ**

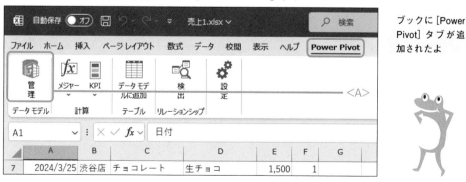

パワーピボットの作成や管理などは主に、このPower Pivotウィンドウおよび［Power Pivot］タブから行います。具体的な使い方や両者の使い分け方などは、次節以降で順次解説していきます。

　ブックとPower Pivotウィンドウを切り替える方法は、一般的なWindowsのウィンドウ切

り替え方法（タスクバーで目的のウィンドウのアイコンをクリックなど）以外だと、主に次の2つの方法があります。

●(1)ブック → Power Pivotウィンドウ

［Power Pivot］タブの［管理］をクリック（画面6の＜A＞）。

●(2) Power Pivotウィンドウ → ブック

Power Pivotウィンドウの左上のクイックアクセスツールバーにある［ブックに切り替え］をクリック（画面7）。

▼**画面7** ［ブックに切り替え］をクリックでブックを表示

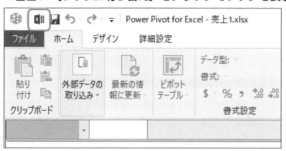

ここをクリックすると、
ブックに切り替えられるよ

　なお、アドイン有効化の際に体験したように、［データ］タブの［Power Pivotウィンドウに移動］をクリックしても、ブックからPower Pivotウィンドウに切り替えられます。
　本節では、パワーピボットのアドインを有効化し、Power Pivotウィンドウや［Power Pivot］タブを表示させました。これで準備完了です。次節からパワーピボットの作成方法を解説します。

コラム

アドインの管理画面からパワーピボットを有効化

　パワーピボットのアドインの有効化は、本節で紹介した方法だけでなく、アドインの管理画面からも行えます。
　その手順は、［ファイル］タブの［その他］（もしくは［その他］→［オプション］）をクリックし、「Excelのオプション」画面を開きます。画面左側の一覧から［アドイン］をクリックし、さらに画面下部にある「管理」のドロップダウンから［COMアドイン］を選んで［設定］をクリックします（画面1）。

▼**画面1** ［COMアドイン］を選び［設定］をクリック

この画面からでも
有効化できるよ

［COM アドイン］
を選ぶ

「COMアドイン」画面が表示されるので、［Microsoft Power Pivot for Excel］の
チェックボックスをオンにしたら［OK］をクリックします（画面2）。

▼**画面2** ［Microsoft Power Pivot for Excel］をオンにする

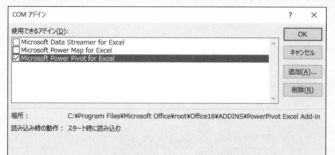

ここをチェック
してね

　これでパワーピボットのアドインが有効化されます。ただし、ブックのリボンに
［Power Pivot］タブが表示されるだけなので、Power Pivotウィンドウを表示するには、
［データ］タブの［Power Pivotウィンドウに移動］をクリックします。

　もし、パワーピボットのアドインの無効化したければ、「COMアドイン」画面を表示し、
［Microsoft Power Pivot for Excel］をオフにしてください。

　なお、本節の方法で有効化した場合、画面2では「Microsoft Power Map for
Excel」もオンになります。本書でパワーピボットを使う範囲では、このまま気にしな
くても問題ありません。パワーピボットを無効化する際は、あわせてオフにしておくと
よいでしょう。

2-2 パワーピボットには「データモデル」が必要

必ずデータを「データモデル」に追加

　前節では、パワーピボットを使う準備として、アドインを有効化し、Power Pivotウィンドウや［Power Pivot］タブを表示しました。本節では、パワーピボットの作成方法を解説します。

　パワーピボットを作成するには、決まり事として、最初に以下の作業を行う必要があります。

集計・分析対象のデータを「データモデル」に追加する

　ここで初めて「**データモデル**」という新しい用語が登場しました。読者のみなさんのほぼ全員が初めて耳にする用語でしょう。

　データモデルとは、一言で表すのは少々難しいのですが、ザックリ言えば、「集計・分析対象のデータをはじめ、パワーピボットで必要な要素をまとめておく"入れ物"のような仕組み」というイメージです（図1）。

図1　データモデルのイメージ

データモデル

パワーピボットに必要な要素

集計・分析対象のデータ　構造　・・・

パワーピボット

　もっとも、この説明だけではデータモデルが何なのかよくわからないでしょう。また、この"入れ物"に入れるものはデータだけではなく、第4章以降で改めて解説しますが、「データの"構造"」などもあります。「データの"構造"」と言われても、今の段階では意味がわからないかと思いますが、これから第6章にかけて順次、データモデルの具体的な画面や使い

方を解説していくので、そのなかでデータの"構造"とは何かをはじめ、データモデルの正体を徐々に解き明かしていきます。

　現時点では、全体像として図1の「データなどの"入れ物"」というデータモデルのイメージを何となくでよいのでつかむとともに、「パワーピボットを使うには、とにかく最初に、集計・分析対象のデータをデータモデルに追加すればよい」という決まり事だけ把握できていればOKです。

まずは表をテーブルに変換しよう

　さっそく本章サンプル「売上1.xlsx」を用いて、集計・分析対象のデータをデータモデルに追加してみましょう。集計・分析対象のデータに該当するのは前節でも述べたとおり、ワークシート「売上」のA1～F83セルにある売上の表です。

　データモデルに追加する方法は何通りかあります。基本となるのは、次の2つのステップから成る方法です。

【STEP1】集計・分析対象のデータの表をテーブルに変換
【STEP2】[Power Pivot] タブの [データモデルに追加]で追加

　【STEP1】ですが、ワークシート上の表をデータモデルに追加するには原則、その表を「テーブル」に変換しておく必要があります。ここでいうテーブルとは、Excelのテーブル機能のことです。データの絞り込み（フィルタリング）などが行える機能です。もしテーブル機能を使った経験がない、そもそも知らないという読者の方は、このあと実際にテーブルに変換する作業の中で機能の概要を知ってください。

　【STEP2】はブックの [Power Pivot] タブで操作します。目的の表をテーブル化しておけば、3クリック程度の容易な操作でデータモデルに追加できます。

　では、本章サンプル「売上1.xlsx」にて、実際に集計・分析対象のデータをデータモデルに追加してみましょう。

　まずは【STEP1】のテーブル変換です。もし、「売上1.xlsx」のPower Pivotウィンドウが手前に表示されていたら、ブックをクリックするなどしてブックに切り替えてください。

　ワークシート「売上」にある売上の表のセル範囲であるA1～F83セルの中で、どこか任意のセルをクリックして選択してください。表の範囲内なら、どのセルでも構いません。

　選択できたら、[挿入] タブの [テーブル] をクリックしてください（画面1）。なお、画面1ではA1セルを選択しています。

▼**画面1** 表内のセルを選択して、[挿入] タブの [テーブル] をクリック

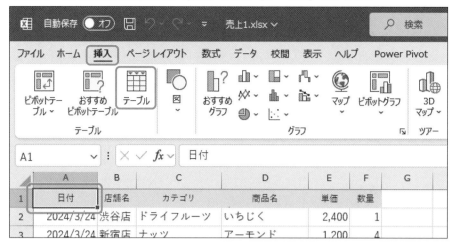

すると、「テーブルの作成」画面が表示されます（画面2）。

▼**画面2** 「テーブルの作成」画面が表示される

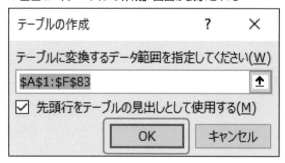

どこでもいいから表のセル
を選択しておいてね

そのまま [OK] をクリッ
クで大丈夫だよ

「テーブルに変換するデータ範囲を指定してください」のボックスに、目的の表のセル範囲
が自動で指定されるので、誤りがないか確認してください。

あわせて、[先頭行をテーブルの見出しとして使用する] にチェックが入っていることも確
認してください。文字通り、列見出しが入っている表の先頭行（画面1では1行目）をテーブ
ルの見出しとして使うための設定です。

確認できたら、[OK] をクリックしてください。すると、A1～F83セルの表がテーブルに
変換されます（画面3）。あわせて、リボンには [テーブルデザイン] タブが出現し、表示が
切り替わります。

▼**画面3　A1～F83セルの売上の表がテーブルに変換された**

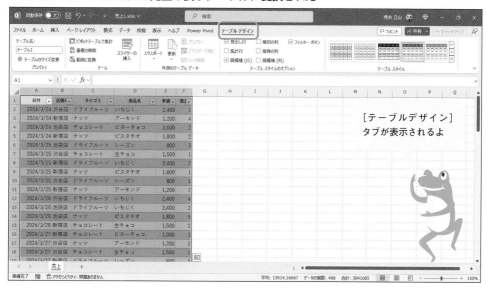

これがテーブルです。縞模様のカラフルなデザインが自動で設定されます。そして、1行目の列見出しのセルの右端にある［▼］をクリックすると、データの並べ替え（ソート）やフィルター機能による絞り込みができます。画面4はB列「店舗名」のB1セルの［▼］をクリックした状態であり、ここから店舗名によるデータのソートや絞り込みが行えます。

▼**画面4　テーブルのソートや絞り込み（フィルター）機能の例**

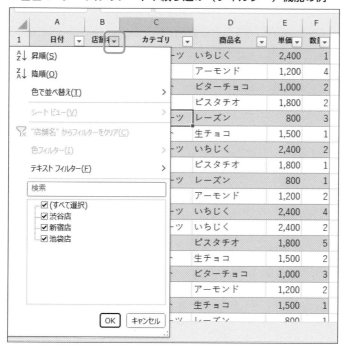

なお、テーブルを作成する操作である［挿入タブ］の［テーブル］は、ショートカットキーの Ctrl + T でも実行できます。

テーブル名を変更しておこう

これで集計・分析対象のデータである A1〜F83 セルの表をテーブルに変換できました。続けて、テーブル名を変更しておくとします。テーブルは1つ1つ名前を付けて管理することができます。パワーピボットでも一部の操作でテーブル名が関連します。

テーブルを作成すると、自動でテーブル名が付けられます。そして、テーブル名は［テーブルデザイン］タブの左端にある「テーブル名」欄に表示され、ここで確認や変更が行えます。画面3の「テーブル名」欄をよく見ると、「テーブル1」という自動で付けられたテーブル名が確認できます。

テーブル名は「テーブル1」のままでも、データモデルに追加できるのですが、どのようなデータのテーブルなのかがひと目でわかるような名前を変更しておくと、あとあと何かと便利です。特に、本章では表は1つしか使わず、テーブルも1つのみですが、第5章以降で複数の表およびテーブルが登場するようになると、それぞれのテーブルが名前で区別しやすいなど管理で重宝します。

変更するテーブル名は何でもよいのですが、今回は「売上」に変更するとします。では、［テーブルデザイン］タブの「テーブル名」欄をクリックしてください。カーソルが点滅して編集可能な状態になるので、「テーブル1」から「売上」に書き換えてください。書き換え終わったら、Enter キーを押して確定してください。これでテーブル名をテーブル1」から「売上」に変更できました（画面5）。

▼**画面5　テーブル名を「テーブル1」から「売上」に変更できた**

テーブル名は
ここで変更で
きるよ

テーブルをデータモデルに追加

これで【STEP1】の「集計・分析対象のデータの表をテーブルに変換」を行ったのち、テーブル名を「売上」に変更できました。次は【STEP2】として、このテーブル「売上」をデータモデルに追加します。

データモデルに追加する方法は何通りかありますが、ここでは目的のテーブル内の任意のセルを選択した状態で、［Power Pivot］タブの［データモデルに追加］をクリックするとい

う方法を用います。

では、テーブル「売上」の中の任意のセル（ここではA1セルとします）を選択し、［Power Pivot］タブの［データモデルに追加］をクリックしてください（画面6）。

▼**画面6　テーブルを選択して［データモデルに追加］をクリック**

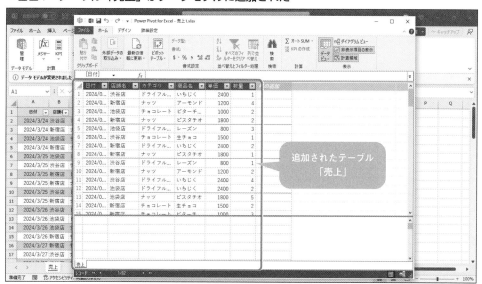

先にテーブル「売上」のどこかのセルを選択しておいてね

すると、Power Pivotウィンドウに自動で切り替わり、画面中央の領域に、テーブル「売上」のデータが読み込まれ、表の形式で表示されます（画面7）。

▼**画面7　テーブル「売上」がデータモデルに追加された**

こんなふうにデータモデルに追加されるんだね

このようにPower Pivotウィンドウの画面中央の領域には、データモデルに追加したテーブルが表形式で表示されます。前節の画面5の時点では、テーブルは1つも追加していないので、この領域には何も表示されませんでしたが、本節画面7ではテーブル「売上」を追加したため、そのデータが読み込まれて表示されます。

これでテーブル「売上」をデータモデルに追加できました。言い換えると、集計・分析対象の売上データをデータモデルに読み込めました。このようにPower Pivotウィンドウはデータモデルへのデータ追加をはじめ、データモデルの操作・管理が主な役割です。

Power Pivotウィンドウの構成

ここで画面7のPower Pivotウィンドウをもう少し詳しく解説します。

画面上部のリボンには4つのタブがあり、さまざまなコマンドが並んでいます。本書で使用するものだけを次節以降に順次解説していきます。

次に、Power Pivotウィンドウの最下部付近を注目してください。ワークシートのものと同じようなタブがあり、「売上」と表示されています（図2の<A>）。

図2 データモデル追加後のPower Pivotウィンドウ

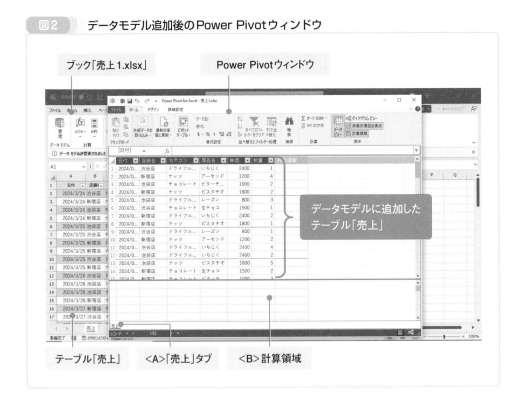

このタブ名がテーブル名に該当します。このようにデータモデルに追加したテーブルは、タブ単位で表示・管理します。また、このあと第5章で改めて解説しますが、複数のテーブルをデータモデルに追加した場合、追加したテーブルの数だけタブが表示され、このタブに

よって、表示するテーブルを切り替えます。

そして、Power Pivotウィンドウには、追加したテーブルが表形式で表示される領域の下にも、境界線を挟み、表のような領域があります（図2の＜B＞）。画面中央のテーブルが表形式で表示される領域には行番号が付いていますが、この画面下部の領域には付いていません。

この画面下部の領域は「計算領域」と呼びます。パワーピボットで高度な集計・分析を行う際に用いる領域です。使い方は次章で改めて解説します。

さらに画面7でPower Pivotウィンドウの背後にあるブックをよく見ると、リボンの下に「データモデルが変更されました」というメッセージが表示されています。これはデータモデルにテーブルの追加など何かしらの変更があった場合に自動で表示されるメッセージです。ブックをクリックするなどしてブックに切り替えると、データモデルの変更がブック側に自動で反映され、それが終わるとこのメッセージは自動で消えます。

●集計・分析はあくまでもデータモデルのデータ

さて、画面7や図2のPower Pivotウィンドウを改めて見てほしいのですが、データモデルの画面中央で、追加したテーブルが表形式で表示される領域は、見た目がワークシートと非常に似ています。入っているデータも、ワークシート上のテーブル「売上」を追加したものであるため全く同じです。

ここで意識していただきたいのが、パワーピボットで集計・分析に用いるデータはあくまでも、このPower Pivotウィンドウのデータモデルに追加されたテーブルのデータであることです（図3）。ワークシート上のテーブル「売上」のデータではありません。

図3　パワーピボットで集計・分析するのはデータモデルのデータ

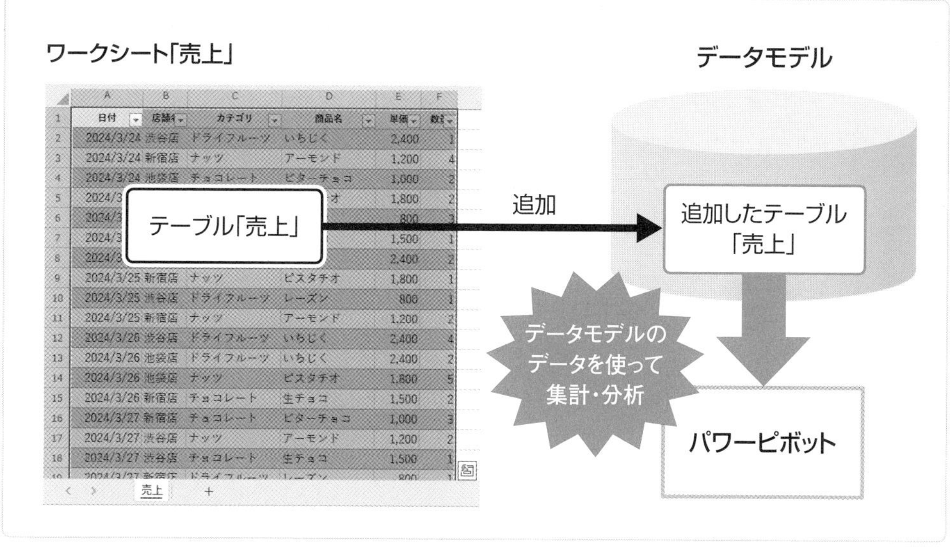

一方、パワーピボットではない通常のピボットテーブルでは、集計・分析に用いるデータ

はワークシート上の表のものです。データモデルのものではありません。そもそも通常のピボットテーブルにはデータモデルは登場しません。これがパワーピボットと通常のピボットテーブルの大きな違いです。

　また、次節以降で体験していただきますが、パワーピボットの作成先は、通常のピボットテーブルと同じくワークシート上です。パッと見ると、画面構成も操作方法も似ていますが、パワーピボットは前章で挙げたように、より高度な集計・分析ができたり、複数の表（テーブル）に対応したりするなど大きな違いがあります。

　こういったパワーピボットにおけるデータモデル内のテーブルとワークシート上の表（テーブル）の違いや両者の関係、および通常のピボットテーブルとの違いは、初心者がいきなり理解するのは非常に困難です。特に本章のようにテーブルが1つしかないケースだとなおさらです。

　このことは次節以降でも随時補足していくので、今の時点ではザックリとした理解で構いません。図3を何となく頭の片隅に入れておく程度で問題ありません。特にデータモデルを最終的に理解することは、第6章までかけてジックリ進めていきます。

　これでテーブル「売上」をデータモデルに追加できたため、パワーピボットを作成できるようになりました。次節にて、このデータモデルからパワーピボットを実際に作成します。また、次節以降の解説でも、パワーピボットとピボットテーブルをより区別しやすくするため、後者を「通常のピボットテーブル」と呼ぶとします。

コラム

データモデル追加の前に、テーブルに変換しよう

　実は目的の表を事前にテーブルに変換しておかなくとも、データモデルに追加できます。その場合、データモデル追加と同時にテーブルに自動で変換することになります。ただし、テーブル名も「テーブル1」などと自動で付けられます。あとからテーブル名を別の名前に変更するのに手間がかかるのでオススメしません。本節で紹介したように、事前にテーブルに変換し、テーブル名を変更してから、データモデルに追加するようにしましょう。

2-3 パワーピボットを作成しよう

データモデルからパワーピボットを作成する

前節では、サンプル「売上1.xlsx」の売上の表をテーブル「売上」に変換したのち、データモデルに取り込みました。本節では、そのデータモデルを使い、いよいよパワーピボットを作成します。

データモデルからパワーピボットを作成する方法は何通りかありますが、本書では以下の2種類を解説します。

【作成方法1】　Power Pivotウィンドウから作成
【作成方法2】　ブックの［挿入］タブから作成

どちらの方法を用いても構いませんが、本書では両者を解説するため、【作成方法1】を本章で用い、【作成方法2】を第5章で用いるとします。読者のみなさんは本書で上記2種類の方法を学んだあとは、好みなどでいずれかを選んで使うか、もしくは状況に応じて使い分けてください。

それでは、【作成方法1】の「Power Pivotウィンドウから作成」によって、パワーピボットを作成しましょう。サンプル「売上1.xlsx」のPower Pivotウィンドウに切り替えてください。

Power Pivotウィンドウからパワーピボットを作成するには、［ホーム］タブの［ピボットテーブル］をクリックしてください（画面1）。このボタン下部の［▼］の部分ではなく、その上のアイコンの部分をクリックしてください。

▼画面1　［ホーム］タブの［ピボットテーブル］をクリック

Power Pivot ウィンドウ
の［ホーム］タブだよ。
ブックじゃないからね

なお、ややこしいことに、このボタンの表記は「ピボットテーブル」となっていますが、作成するのはパワーピボットです。通常のピボットテーブルではありません。以降も画面に「ピボットテーブル」と表記されることが何度かありますが、あくまでもパワーピボットにな

ります。

　画面1で［ホーム］タブの［ピボットテーブル］をクリックすると、ブックに自動で切り替わり、「ピボットテーブルの作成」画面が表示されます（画面2）。

▼**画面2　「ピボットテーブルの作成」画面で作成先を選ぶ**

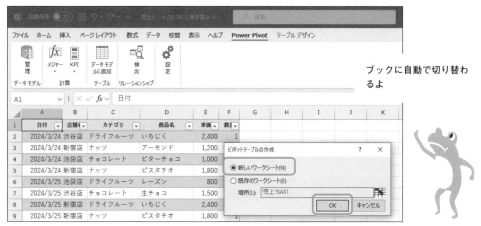

ブックに自動で切り替わるよ

　この画面では、パワーピボットの作成先を新しいワークシートなのか、既存のワークシートの指定したセルの場所なのか、いずれかを選びます。ここでは新しいワークシートに作成するとします。画面2にて、［新しいワークシート］を選び、［OK］をクリックしてください。

　すると、新規ワークシート「Sheet1」が追加され、その上にパワーピボットが作成されます（画面3）。作成される場所は自動で、B3セルが左上のセル範囲になります。

▼**画面3　新規ワークシートにパワーピボットが作成された**

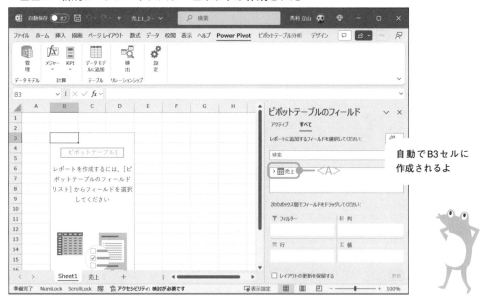

自動でB3セルに作成されるよ

作成されたパワーピボットは一見、通常のピボットテーブルと同じに思えますが、画面右側の作業ウィンドウ「ピボットテーブルのフィールド」のフィールドセクション（画面3の＜A＞）をよく見ると、「売上」という表のアイコンが1つあるだけです。これはデータモデルに追加されて（読み込まれて）いるテーブルになります。通常のピボットテーブルでは、フィールドセクションに元の表のフィールド（列）がズラッと並びますが、パワーピボットである画面3では、テーブル「売上」しかありません。

実は画面3では、テーブル「売上」のフィールドは単に折りたたまれて非表示になっているだけです。テーブル「売上」のアイコンの左隣りにある［＞］をクリックしてください。すると展開され、テーブル「売上」のフィールドが一覧表示されます（画面4）。

▼**画面4　テーブル「売上」のフィールドが一覧表示される**

スクロールすれば、すべて
のフィールドを見られるよ

画面4では、フィールドセクションの表示領域の高さが狭いため、3つのフィールド（「日付」など）しか表示されていませんが、スクロールすれば残りのフィールドも表示できます。

このままの状態でもよいのですが、すべてのフィールドが最初から見えるよう、「ピボットテーブルのフィールド」のレイアウトを変更しておきましょう。右上の歯車のアイコンである［ツール］をクリックし、［フィールドセクションを左、エリアセクションを右に表示］を選んでください（画面5）。

なお、エリアセクションとはフィールドを配置する領域のことです。画面4なら、「フィルター」などがある下半分の領域です。また、データ集計・分析の分野およびデータベースの分野では、表の列を「フィールド」と呼び、ピボットテーブル／パワーピボットのフィール

ドもそれに由来しています。厳密な意味は気にせず、「表の列をフィールドと呼ぶ」と捉えれ
ばOKです。ちなみに表の行は「レコード」と呼びます。

▼**画面5** ［フィールドセクションを左、エリアセクションを右に表示］をクリック

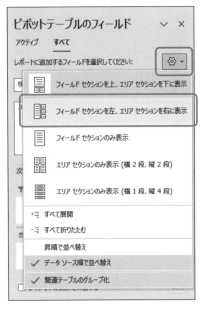

テーブルのフィールドが
全部見えるよう、レイア
ウトを変更するよ

画面5の操作を行うと、フィールドセクションが左、エリアセクションが右に表示されるよ
う、レイアウトが変更されます（画面6）。これでフィールドセクションの高さが広がり、テー
ブル「売上」のフィールドが最初からすべて表示されるようになりました。

▼**画面6** テーブル「売上」のフィールドがすべて表示された

スクロールしなくでも
全部表示されたよ

このようにパワーピボットのフィールドセクションでは、テーブルが表示され、その下にフィールドが並ぶという階層的な形式になっています。言い換えると、フィールドがテーブル単位でまとめて表示されます（図1）。

一方、通常のピボットテーブルのフィールドセクションでは、テーブルは登場しません。フィールドは階層的ではなく、一律に並ぶ形式です。両者にはこういった違いがあります。

図1　パワーピボットのフィールドセクションはテーブル単位で表示

本節の時点では、ほんのちょっとした違いにしか感じませんが、第5章で複数テーブルを用いた際には、より明確な違いと感じるでしょう。この件は第5章にて、追加で解説します。

また、パワーピボットが作成されたワークシート「Sheet1」のシート名は本来、どのようなデータの集計・分析を行うのかがひと目でわかるような名前に変更した方がベターですが、本章ではこのまま使い続けるとします。

ごく基本的な集計・分析を体験しよう

ここでパワーピボットを作成できました。このあと必要となる操作は、フィールドセクションから目的のフィールドをそれぞれ、エリアセクションの「行」、「列」、「値」、「フィルター」に適宜ドラッグして配置することです。この操作に関しては、パワーピボットも通常のピボットテーブルと同じです。つまり、両者とも機能や操作の基本は同じです。ピボットテーブルを使った経験があるなら、馴染みやすいでしょう。

ここで本章サンプルにて、パワーピボットのごく基本的な集計・分析を少し体験してみま

しょう。本節で以降体験するパワーピボットの機能や操作は、繰り返しになりますが、通常のピボットテーブルと同じです。

　パワーピボットの体験として、まずは以下のようにフィールドセクションからフィールドをエリアセクションに配置してみましょう。

▼行
商品名

▼列
店舗名

▼値
数量

　すべて配置し終わると、画面7の状態になります。

▼**画面7　「行」に「商品名」、「列」に「店舗名」、「値」に「数量」を配置**

ドラッグで配置してね

　エリアセクションの「値」にフィールド「数量」を配置したため、「数量」の合計が集計されます。標準の集計方法は合計であり、エリアセクションに配置すると、「合計 / 数量」と表示されます。合計以外にも、平均などで集計できます。これらの点も通常のピボットテーブルと同じです。

　そして、エリアセクションの「行」にフィールド「商品」、「列」にフィールド「店舗名」を配置しました。したがって、各店舗で各商品が売れた数量（個数）が集計されました。言

い換えると、店舗ごと／商品ごとの数量をクロス集計したことになります。本節では行いません が、この行や列に配置するフィールドを変えれば、ダイス分析ができます。

　続けて、エリアセクションの「行」にフィールド「カテゴリ」を追加します。すでに配置済みの「商品名」の上にドラッグしてください。すると行に配置した商品がカテゴリごとにグループ化されます（画面8）。

▼画面8　商品をカテゴリごとにグループ化

「カテゴリ」は「商品名」
の上に配置してね

　さらにここで、カテゴリ別の数量の集計も表示できるよう設定します。［デザイン］タブの［小計］→［すべての小計をグループの先頭に表示する］をクリックしてください（画面9）。

▼画面9　［すべての小計をグループの先頭に表示する］をクリック

カテゴリごとの小計を
表示するよ

すると、カテゴリごとの数量の小計が、カテゴリ名の横に表示されます（画面10）。

▼**画面10　カテゴリごとの数量の集計が表示された**

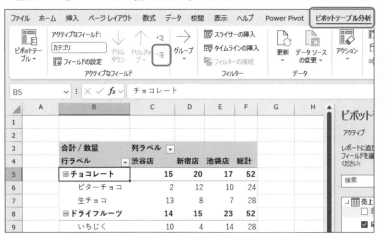

カテゴリ名の右側のセルに小計が表示されたね

　これで行については、「カテゴリ」と「商品名」を階層的に配置しました。画面10の状態は各カテゴリの数量をドリルダウンし、そのカテゴリ以下の各商品の数量を集計・表示した状態になります。そして、各カテゴリの先頭にある［-］をクリックすると、折りたたまれてドリルアップできます。折りたたむと［-］が［+］に変わります。クリックすると再び展開されてドリルダウンできます。

　ここではカテゴリごとではなく、まとめてドリルアップしてみましょう。B5セルの「チョコレート」など、B列でカテゴリに該当するセルの中でいずれか1つを選択し、［ピボットテーブル分析］タブの「アクティブなフィールド」グループにある［フィールドの折りたたみ］をクリックしてください（画面11）。

▼**画面11　［フィールドの折りたたみ］をクリック**

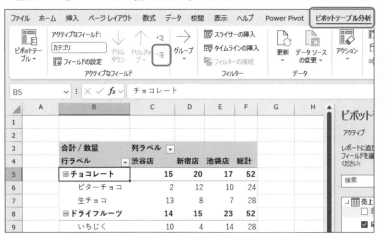

「-」が付いた小さなアイコンをクリックしてね

すると、商品名の行がすべて折りたたまれて、カテゴリごとの数量を集計した結果だけが得られます。これでまとめてドリルアップできました（画面12）。

▼**画面12　カテゴリでまとめてドリルアップできた**

	A	B	C	D	E	F
1						
2						
3		合計 / 数量	列ラベル			
4		行ラベル	渋谷店	新宿店	池袋店	総計
5		⊞チョコレート	15	20	17	52
6		⊞ドライフルーツ	14	15	23	52
7		⊞ナッツ	21	31	15	67
8		総計	50	66	55	171
9						

全部折りたためたよ

なお、［フィールドの折りたたみ］の上にある［フィールドの展開］をクリックすると、まとめて展開（ドリルダウン）できます。

また、他のドリルダウンの方法として、数量の合計の集計結果の各セルをダブルクリックすると、集計元となる個々の売上データを別のワークシートに表示できます。

最後にスライス（絞り込み）も体験してみましょう。パワーピボットでスライスするには、通常のピボットテーブルと同じく、エリアセクションの「フィルター」を使うか、「スライサー」機能を使います。ここでは後者を使うとします。

ここでは店舗名でスライスするとします。店舗名は現在、エリアセクションの「列」に配置しているので、まずは「列」の外にドラッグするか、フィールドセクションでチェックをオフにして、「列」から外してください。すると、全店舗ぶんの数量がカテゴリごとに集計された状態になります。

その状態で、フィールドセクションの［店舗名］を右クリックし、［スライサーとして追加］をクリックしてください（画面13）。

▼**画面13　［スライサーとして追加］をクリック**

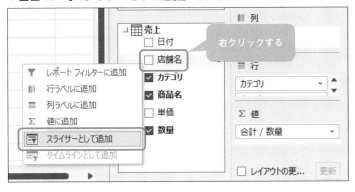

フィールド「店舗名」を右クリックしてね

すると店舗名のスライサーが挿入されます。画面14はA列にスライサーを配置するよう、

A列の列幅、およびスライサー本体の場所とサイズを調整したあとの状態です。なお、スライサーのタイトル「店舗名」は本体の幅を狭くしているため隠れています。

▼**画面14** 店舗名のスライサーを挿入し、場所とサイズを調整

場所とサイズの調整は
ドラッグ操作でできるよ

これでスライサーによる絞り込み（スライス）が可能になりました。画面15は例として、スライサーで［新宿店］をクリックして選び、新宿店のみのカテゴリごとの数量を集計した状態です。

▼**画面15** スライサーで新宿店のみに絞り込んだ状態

新宿店の数量の合計だけが
集計されたよ

また、画面16は別の例として、スライサーで［渋谷店］と［池袋店］を同時に選択し（Ctrlキーを押しながらクリック）、この2つの店舗の集計結果に絞り込みました。さらに［ピボットテーブル分析］タブの［フィールドの展開］をクリックなどで、商品名をドリルダウンした状態です。

▼**画面16** スライサーで渋谷店と池袋店に絞り込んだ状態

スライスとドリルダウンの
あわせワザだね

本節でここまで解説したパワーピボットの基本的な使い方は、最初の作成手順（【作成方法1】）と、フィールドセクションにフィールドがテーブル単位かつ階層的に表示される以外——フィールドを配置してクロス集計、ダイス、ドリルダウン／ドリルアップ／スライス、およびレイアウト変更や小計の表示など——は、通常のピボットテーブルと変わりません。パワーピボットと通常のピボットテーブルのより明確な違い、パワーピボットならではの集計・分析の方法は、次章以降で順に紹介していきます。

また、本節にてパワーピボットの操作で用いた［デザイン］タブと［ピボットテーブル分析］は、通常のピボットテーブルと構成は同じですが、使える機能に違いがあります。その一例も次章で紹介します。

パワーピボットの基本的な集計・分析の体験は以上です。次節に進む前に、スライサーの右上にある［フィルターのクリア］をクリックするなどして、店舗名による絞り込みを解除し、画面17の状態にしておいてください。

▼**画面17　店舗名による絞り込みを解除しておく**

行ラベル	合計 / 数量
⊟ **チョコレート**	52
ビターチョコ	24
生チョコ	28
⊟ **ドライフルーツ**	52
いちじく	28
レーズン	24
⊟ **ナッツ**	67
アーモンド	39
ピスタチオ	28
総計	**171**

スライサー：渋谷店　新宿店　池袋店

この状態に戻しておいてね

2-4　売上データが 追加されたらどうなる？

売上データを1件追加する

次章ではパワーピボットならではの集計・分析を学びますが、その前に本章で、データモデルの補足を簡単にしておきます。

ここで、次の表1の1件の売上が追加で発生したと仮定します。

▼表1　追加で発生した1件の売上のデータ

日付	店舗名	カテゴリ	商品名	単価	数量
2024/4/7	新宿店	チョコレート	ビターチョコ	1,000	3

上記の追加ぶん1件の売上データを、これから本章サンプル「売上1.xlsx」に追加で入力していきます。実際にデータを追加で入力する前に、現在の状態を改めて確認しておきましょう。

売上データの元の表であるワークシート「売上」のテーブル「売上は、現時点では最終行は83行目です（画面1）。1行目が列見出しなので、データ件数は82件です。

▼画面1　データ追加前のテーブル「売上」の最終行は83行目

	日付	店舗名	カテゴリ	商品名	単価	数量
72	2024/4/5	新宿店	チョコレート	ビターチョコ	1,000	2
73	2024/4/5	渋谷店	ナッツ	アーモンド	1,200	4
74	2024/4/5	新宿店	チョコレート	生チョコ	1,500	3
75	2024/4/5	渋谷店	チョコレート	ビターチョコ	1,000	2
76	2024/4/5	池袋店	ドライフルーツ	レーズン	800	1
77	2024/4/5	渋谷店	チョコレート	生チョコ	1,500	2
78	2024/4/6	新宿店	ナッツ	アーモンド	1,200	3
79	2024/4/6	渋谷店	ドライフルーツ	いちじく	2,400	1
80	2024/4/6	新宿店	ナッツ	アーモンド	1,200	3
81	2024/4/6	新宿店	ナッツ	ピスタチオ	1,800	1
82	2024/4/6	渋谷店	チョコレート	生チョコ	1,500	2
83	2024/4/6	池袋店	ドライフルーツ	レーズン	800	2
84						
85						

Sheet1　売上　+

1行目が見出しだから、データは82件だね

ワークシート「Sheet1」のパワーピボットの集計・分析結果も確認しておきましょう。現時点では画面2の状態です。

▼**画面2　データ追加前のパワーピボットの集計・分析結果**

行ラベル	合計 / 数量
⊟チョコレート	52
ビターチョコ	24
生チョコ	28
⊟ドライフルーツ	52
いちじく	28
レーズン	24
⊟ナッツ	67
アーモンド	39
ピスタチオ	28
総計	171

さっきの集計結果と
同じだよ

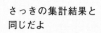

　さらにデータモデルも確認します。[Power Pivot] タブの [管理] をクリックして「Power Pivot for Excel」ウィンドウに切り替えてください。テーブルが表形式で表示される領域をスクロールし、最終行を確認すると、82行目であるとわかります（画面3）。

▼**画面3　データ追加前のデータモデルの最終行は82行目**

データモデルでも
売上データは82件
だね

　データモデルのテーブルの領域では、1行目（行番号1）は列見出しではなく、1件目のデータになります。列見出しの行は画面3のとおり、行番号が付かない独立したかたちになります。1行目から1件目のデータが始まり、82行まで入っているので、データの件数は82です。このデータは画面1のテーブル「売上」と同じ件数です。そもそもテーブル「売上」をデータモデルに読み込んだため、同じ件数になるのは当然でしょう。

これで現状を確認できました。では、追加ぶんである表1の売上データをワークシート「売上」のテーブル「売上」の末尾に入力してください。現在データは83行目まで入力済みなので、84行目に入力することになります。テーブルなので、入力すると罫線などのデザインが自動で設定されます。入力し終わった状態が画面4です。

売上データを84行目に追加できたよ

▼**画面4　テーブル「売上」の末尾に表1のデータを追加入力**

80	2024/4/6	新宿店	ナッツ	アーモンド	1,200	3
81	2024/4/6	新宿店	ナッツ	ピスタチオ	1,800	1
82	2024/4/6	渋谷店	チョコレート	生チョコ	1,500	2
83	2024/4/6	池袋店	ドライフルーツ	レーズン	800	2
84	2024/4/7	新宿店	チョコレート	ビターチョコ	1,000	3
85					
86					

< >　　Sheet1　売上　＋

この時点では、ワークシート「Sheet1」のパワーピボットには反映されていません。表1のとおり、追加したデータの「カテゴリ」は「チョコレート」、「商品名」は「ビターチョコ」、「数量」は3です。そのため、ビターチョコの数量が3だけ増えることになります。追加前の画面2を改めて見ると、ビターチョコの「合計／数量」は24です。そして、画面4でデータをテーブル「売上」に追加したあと、改めてワークシート「Sheet1」のパワーピボットを再び確認すると（画面5）、ビターチョコの「合計／数量」は24のままで変わっていません。画面4で追加したデータが反映されていません。

▼**画面5　テーブル「売上」に追加した直後のパワーピボット**

3	...≋ ▽	行ラベル ▾	合計／数量
4	渋谷店	⊟**チョコレート**	**52**
5	新宿店	ビターチョコ	24
6	池袋店	生チョコ	28
7		⊟**ドライフルーツ**	**52**
8		いちじく	28
9		レーズン	24
10		⊟**ナッツ**	**67**
11		アーモンド	39
12		ピスタチオ	28
13		**総計**	**171**

データ追加後もビターチョコの数量は変わっていないね。24から3増えて27になりそうだけど…

データモデルの方も同様に、Power Pivotウィンドウを再び確認すると、画面6のようにデータは追加されていません。最終データは82行目のままです。こちらも画面4で追加したデータが反映されていません。

このように元のテーブルにデータを追加しただけでは、パワーピボットおよびデータモデルには反映されないようになっています。

▼**画面6　データモデルでも追加データが反映されていない**

データモデルは
追加前と同じ82
件のままだね

追加データを反映させるには更新が必要

　パワーピボットでは、元のテーブルにデータが追加された場合、更新をかけてやると、その追加を反映できます。通常のピボットテーブルと同様です。

　では、さっそくやってみましょう。ブックに切り替え、ワークシート「Sheet1」のパワーピボットを選択した状態で、［ピボットテーブル分析］タブの［更新］をクリックしてください（画面7）。下側の［▼］ではなく、［更新］の部分をクリックしてください。

▼**画面7　［ピボットテーブル分析］タブの［更新］をクリック**

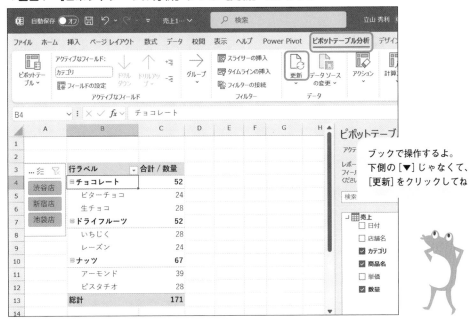

ブックで操作するよ。
下側の［▼］じゃなくて、
［更新］をクリックしてね

　すると、画面8のように、パワーピボットの集計結果に、画面4でテーブル「売上」に追加した表1のデータが反映されます。ビターチョコが3つ売れたデータを追加したので、パワーピボット内の「ビターチョコ」の「合計／数量」が24から3増えて27になりました。そのカテゴリの「チョコレート」小計も3つ増えて55になっています。

▼**画面8　テーブルに追加したデータがパワーピボットに反映された**

行ラベル	合計／数量
⊟チョコレート	55
ビターチョコ	27
生チョコ	28
⊟ドライフルーツ	52
いちじく	28
レーズン	24
⊟ナッツ	67
アーモンド	39
ピスタチオ	28
総計	174

ビターチョコの数量が3だけ増えたよ！
チョコレートの小計も3増えたね

　ここで、データモデルがどうなったか確認してみましょう。Power Pivotウィンドウに切り替え、データの最終行を見ると、83行目に表1のデータが追加されたことがわかります（画面9）。追加したデータがデータモデルにも反映されたことを確認できました。

▼**画面9　追加データがデータモデルにも反映された**

83行目にデータが追加
されているね

　以上をデータの流れの視点で整理します。テーブル「売上」に追加されたデータは更新を

かけると、まずはデータモデルに反映されます。そして、その更新されたデータモデルがワークシート「Sheet1」のパワーピボットに反映され、集計結果が更新されます（図1）。

図1 テーブル「売上」に追加したデータが反映される流れ

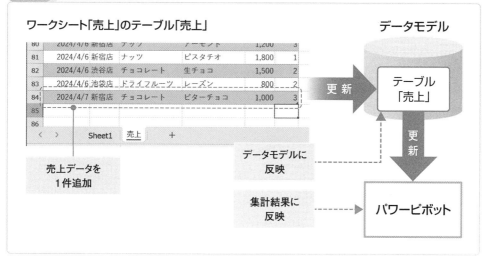

通常のピボットテーブルの更新の流れは、集計・分析の元となる表からピボットテーブルへ直接反映されるという流れですが、パワーピボットの場合、間にデータモデルが入るかたちになります。パワーピボットの集計・分析対象のデータはあくまでも、データモデルに入っているデータであるため、このような更新の流れになるのです。

以上が本節でのデータモデルの補足です。図1の更新の流れを何となくでよいので、頭の片隅に入れておいてください。

とはいえ、まだまだモヤモヤした部分は多いでしょう。特に本章のサンプルのように、テーブルが1つだけのケースでは、「結局、テーブルとパワーピボットの間にデータモデルが入るだけだよね。それで何かいいことあるの？」などと疑問に思った読者の方が多いかもしれません。実はテーブルが複数に増えたり、別のブック／ファイルに分散したりする場合に、データモデルは威力を発揮するのですが、その解説は以降も第6章にかけて、順次行っていきます。そのなかで徐々に理解を深めていってください。

また、ここではパワーピボットから更新を行いましたが、データモデルから更新することも可能です。Power Pivotウィンドウの［ホーム］タブの［最新の情報に更新］をクリックすれば、元のテーブルに追加されたデータがデータモデルに読み込まれて更新されます。そして、ブックに切り替えると、パワーピボット側に自動で反映されます。

本章では、1つの表（テーブル）を用いて、パワーピボットの基礎を学びました。本章サンプル「売上1.xlsx」は次章でも引き続き使います。次章では、パワーピボットならでは集計・分析の方法を解説します。

データモデルはブック単位に持つ

　本章では、ブックは「売上1.xlsx」の1つしか登場しませんでしたが、パワーピボットを作成して集計・分析を行うブックが複数ある場合、データモデルはどうなるのでしょうか？　データモデルはブックごとに1つずつ持ちます。ブックが複数ある場合、ブックごとにデータモデルを持つことになります（図）。

図　ブックごとにデータモデルを持つ

```
   ブック1            ブック2            ブック3
┌──────────┐   ┌──────────┐   ┌──────────┐
│  ╭────╮  │   │  ╭────╮  │   │  ╭────╮  │    ● ● ● ●
│  │データ │  │   │  │データ │  │   │  │データ │  │
│  │モデル1│  │   │  │モデル2│  │   │  │モデル3│  │
│  ╰────╯  │   │  ╰────╯  │   │  ╰────╯  │
└──────────┘   └──────────┘   └──────────┘
              ブックごとに持つ
```

　データモデルの管理はPower Pivotウィンドウで行うのでした。複数のブックを同時に開いた際、それぞれのブックのPower Pivotウィンドウを同時に開いて使うことができきます。

　参考までに述べると、VBAではプログラムをブック単位で保持します。一方、プログラムの記述や管理などは、Excel標準の付属ツール「VBE」（Visual Basic Editor）で行いますが、同時1つのウィンドウしか開けません。そのため、複数のブックを同時に開いた際、1つのVBEの画面上で、複数のブックのプログラム記述・管理を行うことになります。

第 **3** 章

パワーピボットで より高度な集計・ 分析を行おう

本章では、パワーピボットらしい、パワーピボットならではの集計・分析として、「メジャー」と「計算列」の基礎を学びます。特にメジャーはよく使うことになるので、基礎をしっかりと身に付けましょう。

3-1 「計算列」を追加して 「単価×数量」を集計しよう

「メジャー」とは？ 「計算列」とは？

　前章ではパワーピボットの基本を学びました。そのなかで行った集計・分析は、テーブル「売上」のフィールド「数量」(列「数量」)を、商品ごとやカテゴリごとなどで合計したことです。この集計・分析は通常のピボットテーブルでも可能なごくごく初歩的なものです。

　本章では、よりパワーピボットらしい、かつ、パワーピボットならではの高度な集計・分析を行う方法の基礎を解説します。基礎とはいえ、パワーピボット初心者にはなじみない概念や仕組みがいくつか登場するので、あせらず自分のペースで学んでください。

　最初に全体像を解説します。パワーピボットらしい／ならではの集計・分析を行う方法を学ぶうえで、最低限おさえてほしい知識を解説します。

　その知識は大きく分けて2つあります。1つ目は、パワーピボットらしい／ならではの集計・分析を行うための仕組みです。その仕組みには、次の2種類があります。

・メジャー
・計算列

　メジャーも**計算列**も、データを集計・分析して、その結果を表示する仕組みです。両者とも作成すると、ワークシート上のパワーピボットのフィールドセクションに一覧表示されます。それをエリアセクションの「値」にドラッグすれば、集計・分析結果が表示されます (図1)。なお、図1の「DAX」はこのあとすぐ解説します。

図1　メジャーと計算列の全体像。「DAX」については後述

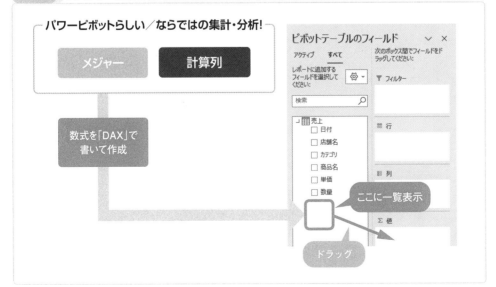

メジャーと計算列には違いがいくつかあるのですが、まず挙げられるのが作成の作業を行える場所です。メジャーはワークシート上のパワーピボットのフィールドセクション、Power Pivotウィンドウ、ブックの［Power Pivot］タブのいずれかから作成できます。計算列はPower Pivotウィンドウのテーブルの領域でしか作成できません。のちほど具体例を体験していただきます。

メジャーと計算列には他にも大きな違いがあるのですが、3-3節で改めて解説します。

「DAX」でメジャーや計算列の数式を書く

パワーピボットらしい／ならではの集計・分析を行う方法を学ぶうえで、最低限おさえてほしい知識の2つ目は、**DAX**という仕組み・概念です。読者のみなさんのほぼ全員が、DAXを初めて耳にするでしょう。

DAXは「Data Analysis Expressions」の略であり、直訳すると「データ分析式」です。先述のメジャーや計算列を作成するには、同じくのちほど体験していただきますが、数式を記述する必要がありますが、DAXはそのための仕組みです。

もう少し詳しく説明すると、メジャーや計算列の数式を書く際には、専用の関数や演算子などを使うのですが（このあと順次解説します）、それらがDAXの具体的な正体です（図1参照）。DAXの関数は**DAX関数**、演算子は**DAX演算子**と呼びます。DAXの関数や演算子などで書かれた数式は**DAX式**と呼びます。

本書では以降、これらDAXに関する用語を解説に用いていきます。最初はなかなかなじめないかと思いますが、「DAX〜」という用語が出てきたら、「パワーピボットのメジャーや計算列に必要な仕組みなんだな」ぐらいのザックリとした理解で問題ありません。

パワーピボットらしい／ならではの集計・分析を行う方法を学ぶうえで、最低限必要となる知識は以上です。用語の厳密な定義など、細部にこだわる必要は全くありません。現時点では図1の程度の全体像のみ把握できればOKです。このあと実際に手を動かして体験しながら、使い方の基礎を学んでいくなかで、徐々に具体像を把握しつつ、理解を深めていってください。

さて、学ぶ順番ですが、パワーピボットでより多く使うのはメジャーですが、学ぶのは基礎とはいえ、難易度や学ぶ内容の多さの面で、初心者には少しハードルが高いと言えます。計算列の方が比較的なじみやすいでしょう。そこで本書では、先に本節で計算列の基礎を学ぶとします。そして、次節から3-4節にかけて、メジャーの基礎をジックリと学んでいきます。

計算列の基礎を身に付けよう

ここからは計算列の解説です。具体例を挙げて解説します。

前章では、テーブル「売上」のフィールド「数量」（列「数量」）をパワーピボットで集計しました。具体的には、1件（テーブル「売上」の1行）の売上データのフィールド「数量」を、商品ごとやカテゴリごとなどで合計しました。

　このような売上データでは、フィールド「数量」だけでなく、「単価」に「数量」を掛けた売上金額の合計も集計したくなるところです。しかし、「売上1.xlsx」のワークシート「売上」を見ても、テーブル「売上」には「単価」に「数量」を掛けた金額の列は存在していません。そこで、「単価×数量」の列を自分で追加してみるとします。

　その方法は通常のピボットテーブルの場合、よくあるのが元の表に「単価×数量」の列を追加することです。本章サンプル「売上1.xlsx」なら、ワークシート「売上」にある元の表（テーブル化する前の状態とします）に対して、G列に「単価×数量」の列を新たに追加し、その列のすべてのセルにE列「単価」にF列「数量」を掛ける数式を入力します。テーブル化したあとでも同様です。そのように元の表に「単価×数量」の列を追加し、ピボットテーブルに反映させて集計・分析する、といった方法が考えられます。

　パワーピボットの場合でも同じ方法は可能ですが、ここではパワーピボットならではの方法を解説します。「単価×数量」の計算列をデータモデルに追加するという方法です。ワークシート「売上」の元の表（テーブル）ではなく、データモデルに計算列として追加するのです（図2）。

図2 データモデルに「単価×数量」の計算列を追加

　それでは、データモデルに「単価×数量」の計算列を追加しましょう。使用するサンプルは前章から引き続き「売上1.xlsx」を用います。もし閉じていたら、「売上1.xlsx」のブックを開き、かつ、ブックの［Power Pivot］タブの［管理］をクリックするなどして、Power Pivotウィンドウを開いておいてください。

　さきほど計算列はPower Pivotウィンドウのテーブルの領域で使うと述べました。データモデルへの計算列の追加も、そのテーブルの領域で行います。

最初に列名を設定しましょう。列名は他の列と重複しなければ何でもよいのですが、ここでは「計」とします。

Power Pivotウィンドウのテーブル「売上」の列「数量」の列見出しの右隣りに、薄い緑地に白文字で「列の追加」と表示された箇所があります。計算列の追加はここから行います。ブックのワークシートのテーブル「売上」ではなく、Power Pivotウィンドウのデータモデルのテーブル「売上」なので、間違えないよう注意してください。

では、「列の追加」の箇所をダブルクリックしてください。カーソルが点滅して編集可能な状態になるので、「計」と入力し、[Enter]キーを押して確定してください。すると、新たに列が追加され、列名が「計」に設定されます（画面1）。

▼**画面1 計算列が追加され、列名が「計」に設定された**

計算列「計」が追加されたよ！

もし、列名を変更したくなったら、列名の箇所を再びダブルクリックすれば編集可能な状態になるので、適宜変更してください。

計算列の数式はこう書く

次に、追加した列に「単価×数量」の数式（DAX式）を入力します。この数式を書くには、データモデルのテーブル「売上」の列「単価」と列「数量」の値を取得する必要があります。

データモデルの指定したテーブルの指定した列の値を取得するには「'」と「[]」を使い、以下の書式で記述します。

書 式

'テーブル名'[列名]

まずは目的のテーブル名を「'」（シングルクォーテーション）で囲って記述します。続けて、目的の列の名前を「[」と「]」で囲って記述します。

「'」と「[」と「]」は必ず半角で記述します。そうしないとエラーになるので気を付けてください。通常のワークシートの数式やVBAでは原則、記号類は全角で入力しても、Excelが自動で半角に変換してくれますが、パワーピボットのDAX式ではそのような親切な入力支援機能は残念ながらありません（本書執筆時。以下同様）。記号類は自分自身で、半角で入力するよう常に注意しましょう。特に「'」は画面上では全角半角を区別しづらいので注意が必要です。

上記書式「'テーブル名'[列名]」で記述すると、指定したテーブルの指定した列の値を取得できます。例えば、テーブル「売上」の列「単価」の値なら次のように記述します。

数式
```
'売上'[単価]
```

テーブル名「売上」の列「数量」の値なら、同様に次のように記述します。「[」と「]」で囲った列名が「数量」に変わっただけです。

数式
```
'売上'[数量]
```

これでテーブル「売上」の列「単価」と列「数量」の値を得るために、どう記述すればよいかわかりました。あとは通常のワークシートの数式と同じく、「=」（半角）と掛け算の演算子「*」を使い、次のように掛け算の数式を記述すればOKです。

数式
```
='売上'[単価]*'売上'[数量]
```

「=」も「*」も「'」などと同じく、必ず半角で記述してください。これらの記号類も全角を自動で半角に変換する入力支援機能はありませんので、気を付けてください。

「単価×数量」の計算列を追加しよう

では、この数式を入力しましょう。画面1で追加した列「計」にて、1行目のセル（列見出しである列名「計」のすぐ下のセル）をクリックし、カーソルが点滅した状態にしてください。

このまま上記数式をすべて手入力してもよいのですが、テーブルや列の名前などの入力補助機能が用意されているので、ここでは同機能を利用して入力するとします。まずは列「計」の1行目のセルをクリックして選択してください。数式バーを見ると、すでに「=」が自動で入力されていることがわかります（画面2）。

3

▼**画面2　数式バーには「＝」が自動で入力済み**

この「＝」に続けて
数式を入力するよ

店舗名	カテゴリ	商品名	単価	数量	計
渋谷店	ドライフル...	いちじく	2400		
新宿店	ナッツ	アーモンド	1200	4	
池袋店	チョコレート	ピターチ...	1000	2	
新宿店	ナッツ	ピスタチオ	1800	2	

まずはこのセルを
クリックして選択

　続けて数式バーの中をクリックすると、「＝」の後ろでカーソルが点滅した状態になります。まずは「'」を1つだけ入力してください。するとポップアップが出現し、数式で利用可能なテーブルの列が「'テーブル名'[列名]」の形式で一覧表示されます（画面3）。

▼**画面3　利用可能なテーブルの列がポップアップに一覧表示される**

名	カテ	'売上'	価	数量	計
店	ドラ	'売上'[カテゴリ]	2400	1	
店	ナッ	'売上'[単価]	1200	4	
店	チョ	'売上'[合計 / 数量]	1000	2	
店	ナッ	'売上'[商品名]	1800	2	
店	ドラ	'売上'[店舗名]	800	3	
店	チョ	'売上'[数量]	1500	1	
店	ドラ	'売上'[日付]	2400	2	
店	ナッ		1800	1	
店	ドライフル...	レーズン	800	1	

「'」だけ入力したら表示された！

　「'」を誤って全角で入力してしまうと、ポップアップの一覧が表示されないので注意しましょう。また、視点を変えると、このポップアップによって、半角入力できているかをチェックできると言えます。入力ミスによるエラーを未然に防ぐためにも、このポップアップの機能はぜひとも活用することをオススメします。

　「＝」の後ろには「'売上'[単価]」を入力したいので、ポップアップのリスト内の「'売上'[単価]」をダブルクリックしてください。すると、「＝」の後ろに自動で入力されます（画面4）。

▼**画面4　ダブルクリックで「'売上'[単価]」が自動入力された**

数式バーにダブルクリックで
入力できてラクだ！

	カテゴリ	商品名	単価	数量	計
	ドライフル...	いちじく	2400	1	
	ナッツ	アーモンド	1200	4	

　ダブルクリックで入力すると、手入力の手間がないことと、タイプミスによる誤入力を防げるので、ぜひとも活用しましょう。なお、もし、誤って別の列をダブルクリックして入力してしまったら、[Back Space]キーなどで消してから、入力し直してください。

　「'売上'[単価]」を入力できたら、それに続けて、掛け算の演算子「*」（半角のアスタリスク）をキーボードから手入力してください。この「*」は自動で入力できないので手入力します。さらに「'売上'[数量]」も同様の方法で、ポップアップから自動入力しましょう（画面5）。「*」の後ろに「'」を入力すれば、画面3と同様にテーブルの列がポップアップに一覧表示されるので、「'売上'[数量]」をダブルクリックして入力してください。

▼**画面5** 「*」と「'売上'[数量]」も続けて入力

fx	='売上'[単価]*'売上'[数量]				
カテゴリ ▼	商品名 ▼	単価 ▼	数量 ▼	計 ▼	列
ドライフル...	いちじく	2400	1		
ナッツ	アーモンド	1200	4		

「'売上'[数量]」も
ダブルクリックで
入力できるよ

　これで目的の数式「='売上'[単価]*'売上'[数量]」をすべて入力できました。Enter キーを押して確定してください。もしエラーが表示されたら、誤って記号類を全角で記述していないか、「'」や「[」や「]」を書き忘れていないか、テーブル名や列名は誤っていないか、チェックしてください。

　テーブル「売上」の計算列「計」の1行目のセルに、数式をエラーなく無事に入力できると、画面6のように2行目以降のセルにも、数式「='売上'[単価]*'売上'[数量]」が一括で自動入力され、その計算結果が表示されます。

▼**画面6** 計算列「計」を入力できた。各行に「単価×数量」の計算結果が表示される

2行目以降のセルには
自動で入力されるよ

　計算列「計」の各行を見ると、列「単価」の値に列「数量」の値を掛け算した値が計算結果として表示されていることが確認できます。さらに、テーブル「売上」をスクロールして

最終行（83行目）付近を表示すると、列「計」には最終行まで数式「='売上'[単価]*'売上'[数量]」の計算結果が表示されていることも確認できます。

また、追加した計算列は画面6のように、列見出しがダークグレーになります。

これでデータモデルに列「計」を追加し、「単価×数量」の数式（DAX式）である「=[単価]*[数量]」を入力し、結果として計算列「計」を追加できました。

計算列「計」をパワーピボットで使う

データモデルに数式「='売上'[単価]*'売上'[数量]」の計算列を追加すると、その計算結果をワークシート上のパワーピボットで使えるようになります。Power Pivotウィンドウからブックに切り替え、ワークシート「Sheet1」のパワーピボットのフィールドセクションを見てください。

すると、テーブル「売上」のフィールドの一番下に、先ほど追加した計算列「計」が新たに表示されているのが確認できます（画面7）。このようにデータモデルに追加した計算列は、パワーピボットのフィールドセクションに表示され、集計に使えるようになるのです（なお、画面7はリボンを非表示にしています。以降もリボンを適宜非表示にします）。

▼**画面7　フィールドセクションに計算列「計」が表示された**

さっそく計算列「計」を集計に使ってみましょう。エリアセクションの「値」に追加しましょう。現時点の「値」には、数量の合計を求める「合計 / 数量」がすでに配置してありますが、計算列「計」は今回その下に配置するとします。

では、フィールドセクションの計算列「計」をドラッグして、「値」エリアの「合計 / 数量」の下に配置してください。すると、パワーピボットのD列に計算列「計」の集計結果が表示されます（画面8）。

▼**画面8 計算列「計」の集計結果がパワーピボットのD列に表示された**

「単価×数量」が集計できた！

　この計算列「計」の集計結果は、「単価×数量」の売上を合計したものになります。例えば画面8では、行番号5に位置する「ビターチョコ」は、C列の「合計 / 数量」が27になっています。つまり、27個売れています。この「ビターチョコ」の単価はワークシート「売上」のテーブル「売上」で見ると、1000円であるとわかります。

　よって、「単価×数量」は「1000円×27個」で27000円となります。画面8で「ビターチョコ」の「合計 / 計」の集計結果が表示されているD5セルを見ると、ちゃんと27000になっており、意図通り集計できていることが確認できます。

　また、D6セルの「生チョコ」の「合計 / 計」の集計結果は42000円です。「生チョコ」は単価が1500円で数量が28個なので、「単価×数量」は42000円になります。D4セルのカテゴリ「チョコレート」の「合計 / 計」を見ると、「ビターチョコ」の27000円と「生チョコ」の42000円を足し算した69000円になっていることが確認できます。他の箇所もそれぞれ意図通り集計できています。

　さらには、例えばスライサーで店舗を絞り込んだり、カテゴリなどでドリルダウン／アップしたりすれば、その条件に応じて「単価×数量」の売上の合計の集計結果が随時表示されます。画面9はその一例です。

▼**画面9 スライサーなどに応じて、計算列「計」の集計結果が変化**

新宿店に絞り込み、カテゴリごとで集計した例だよ

　ここまでに計算列の追加方法とパワーピボットでの使い方の基礎を解説しました。

　実は先ほど計算列「計」の数式で登場した「=」や「*」は、DAX演算子になります。DAX演算子は他にもいくつかありますが、原則、足し算なら「+」など、通常のExcelの数式と同じものが使えるという認識で構いません。本書ではすべてのDAX演算子を解説せず、以降の学習の中で使うものだけを紹介するとします。

　また、読者のみなさんが今後、データモデルに計算列を追加する際、今回体験したように、ポップアップのリストなどの補助機能を使うと、入力の手間が省け、かつ、タイプミスも防げるので、数式の入力を大幅に効率化できます。ぜひとも活用しましょう。

通常のピボットテーブルとの違いやメリットは？

　計算列の作り方と使い方の基礎の解説は以上です。ここで、計算列についてもう少し詳しく解説します。

　本節の前半にて、通常のピボットテーブルで「単価×数量」の集計を行いたい場合、ワークシート「売上」にある元の表（テーブル化する前の状態）のG列の「計」の列を追加し、E列「単価」にF列「数量」を掛ける数式を入力したのち、ピボットテーブルに反映させると述べました。

　その場合の作業は、例えば、G列の「計」でデータが入る先頭行であるG2セルにて、「=E2*F2」という「単価×数量」の数式を、行を相対参照で指定して入力し、残りの3行目以降のセルはオートフィルなどでコピーするといった手順をとるでしょう。

　テーブル化したあとでは、G列の1行目のセルに「単価×数量」の数式として、「=[@単価]*[@数量]」を入力すれば、以降のセルにも自動で入力されます。なお、テーブルでは「[@列名]」という書式で、列のセルの値を取得できます（パワーピボットと直接関係ない機能です）。

　このように元の表のG列に「単価×数量」の数式を入力する方法と、テーブル化したあとで同数式を入力する方法、および本節で解説したデータモデルの計算列を用いた方法の違いを改めて解説します。大きな違いは以下の表1の2つです。

▼**表1　「単価×数量」を入力する2つの方法の大きな違い**

方法	「単価×数量」の入力場所	計算式での指定形式
計算列	データモデル	列名
元の表のG列に「単価×数量」の数式を入力	ワークシート	セル番地
テーブルのG列に「単価×数量」の数式を入力	ワークシート	列名

　最初に、大きな違いの1つ目である「『単価×数量』の入力場所」について解説します。

　計算列ではデータモデルに読み込んだテーブルの列に、「単価×数量」の数式を入力しました。一方、元の表にG列「計」を追加し、「=E2*F2」などの数式を入力する方法では、「単価×数量」の数式の入力先はワークシート上のセルです。テーブル化したあとも、ワークシート上のセルに「単価×数量」の数式を入力します。

　これらの違いが顕著になるのは、データの件数が増えた場合です。実はワークシート上の

セルに入力されるデータが増えると、Excelの動作が重くなるなど、いろいろ不都合が生じます。ワークシート上のセルはデータの入力・保持以外に、書式設定や入力規則、条件付き書式など、さまざまな機能を備えている関係で、数が増えると動作が非常に重くなるのです。

一方、データモデルのセルは集計・分析に必要な機能しか備えていません。そして、イメージしにくいかもしれませんが、データは内部的に保持します。そのため、動作が大幅に軽くなります。大量のデータでも軽快に動作するので、データ集計・分析作業がはかどるでしょう。

そのうえ、約104万行という制限もないというメリットも得られます。これもデータモデルならではのメリットです。本書サンプル程度のデータ件数では実感できませんが、データモデルの計算列には、これらのような違いおよびメリットがあるのです。

次に、表1の大きな違いの2つ目である「計算式での指定形式」を解説します。

計算列は先ほど体験したとおり、「'テーブル名'[列名]」という書式で記述しました。テーブル名に続けて列名を指定したかたちになります。このように計算列では、列名を指定する形式です。元の表をテーブル化した場合も、同様に列名で指定します。

一方、ワークシートの計算式では一般的に、セル番地を指定する形式です。セル番地を用いて、単一のセルもしくはセル範囲を指定します。計算列のように列名で指定する方式の主なメリットは、行数を指定しないため、データ件数の増減に左右されないことです。

そして、次節で改めて解説しますが、メジャーの計算式でもセル番地ではなく、列名を指定する形式になります。

列名はテーブル名とセットで指定しよう

本節の最後にちょっとした補足をしておきます。

計算列の数式にて、目的の列の値を取得する際、「'テーブル名'[列名]」という書式で記述しました。実は「'テーブル名'」の部分はなくても、列名の部分「[列名]」だけでも、目的の列の値を取得することはできます。ただし、同じテーブルの中の列だけに限られます。データモデルでは、テーブルごとにタブで表示されるのでした。そのテーブルの列なら、「[列名]」だけで値を得られるのです。

本節でテーブル名も記述したのは、のちのち複数テーブルを使う際を見越してです。どのテーブルのどの列なのかより明確にわかるよう、「'テーブル名'[列名]」の形式でテーブル名もセットで指定します。そのスタイルに今のうちから慣れておくためです。

また、パワーピボットでは、通常のピボットテーブルでは使える「集計フィールド」が使えなくなります。［ピボットテーブル分析］タブの「計算方法」グループにある［フィールド／アイテム／セット］をクリックし、サブメニューを開いても、［集計フィールド］はグレーアウトされてクリックできません。集計フィールドの替わりに計算列もしくはメジャーを使うのがパワーピボットです。

3-2 「メジャー」のはじめの 一歩

パワーピボットの「メジャー」とは？

前節では冒頭にて、パワーピボットらしい／ならではの集計・分析を行うための仕組みには、メジャーと計算列の2つがあると述べました。そして、計算列の基礎を学んだのでした。本節からメジャーを学びます。

メジャーはパワーピボットらしい／ならではの集計・分析を行うための仕組みの本命です。基礎とはいえ、計算列に比べて難易度が高く、学ぶ内容もそれなりに多いので、3-4節にかけてジックリと進めていきます。

本節では、「メジャー」のはじめの一歩として、ごくごく単純なメジャーを例に、作成方法の基礎を学びます。その例のメジャーは、解説をよりシンプルにするため、パワーピボットらしい／ならではの集計・分析を行えるものではありません。本節で作成方法の基礎を身に付けたのち、次節以降でよりパワーピボットらしい／ならではの集計・分析を行えるメジャーを作っていきます。

本節でメジャーの例として作成するのは、本章サンプル「売上1.xlsx」にて、列「数量」の合計を求めるメジャーです。単に合計を求めるだけのメジャーです。「数量」の合計は前節までに、ワークシート「Sheet1」に作成したパワーピボットですでに集計し終わっています。フィールドセクションの［数量］をエリアセクションの「値」にドラッグし、「合計 / 数量」として集計結果を表示したのでした。本節ではこれと同じく、「数量」の合計を求めるメジャーを改めて作成するとします。練習として、あえて「合計 / 数量」と全く同じ集計結果が得られるメジャーを作るのです。

作成に先だって準備として、本章サンプル「売上1.xlsx」のパワーピボットで、エリアセクションの「値」から「合計 / 計」を外してください（画面1）。外すには「値」の外にドラッグするか、フィールドセクション上で「計」のチェックをオフにします。

▼**画面1　エリアセクションの「値」から「合計 / 計」を外しておく**

「合計 / 計」を外す理由は単に、作成したメジャーの結果をより見やすくするためだけです。メジャーの作成に必須な作業というわけではありません。

また、もしスライサーで店舗を絞り込んでいたら、画面1のようにすべての店舗を表示するようにしておいてください。

●「メジャー」ダイアログボックスで作成

メジャーを作成する方法は大きく分けて以下の2通りがあります。

(1)「メジャー」ダイアログボックス
(2) Power Pivotウィンドウの計算領域

本書では (1)「メジャー」ダイアログボックスをメインに用いるとします。より初心者にとって易しいからです。(2) Power Pivotウィンドウの計算領域の使い方は、本節の最後に簡単に紹介します。メジャー作成に慣れたら、(2) も適宜用いて、両者を使い分けるとよいでしょう。

ここからは、「メジャー」ダイアログボックスを用いて、メジャーの作成方法の基礎の解説を始めます。

まずは「メジャー」ダイアログボックスを開きます。その方法は何通りかありますが、ここではワークシート上のパワーピボットのフィールドセクションから開く方法を紹介します。

では、お手元の本章サンプル「売上1.xlsx」のワークシート「Sheet1」を開き、パワーピボットのフィールドセクションにあるテーブル「売上」のアイコンを右クリックし、[メジャーの

追加] をクリックしてください（画面2）。

▼**画面2　テーブル「売上」を右クリックし、[メジャーの追加] をクリック**

必ずテーブル「売上」を
右クリックしてね

画面1で右クリックするのは、必ずテーブル「売上」のアイコンにしてください。[日付] をはじめフィールドを右クリックすると、[メジャーの追加] がメニューに表示されないので注意してください。

[メジャーの追加] をクリックすると、「メジャー」ダイアログボックスが開きます（画面3）。

▼**画面3　「メジャー」ダイアログボックスが開いた**

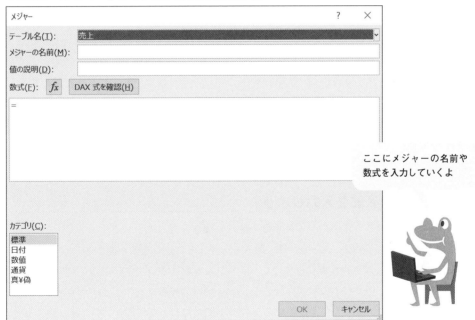

ここにメジャーの名前や
数式を入力していくよ

　「メジャー」ダイアログボックスの1つ目の項目は「テーブル名」であり、すでに「売上」が入力されています。メジャーは原則、テーブルに紐づいたかたちで作成することになります。さきほど画面2では、フィールドセクションのテーブル「売上」を右クリックしてから、「メジャー」ダイアログボックスを開きました。このように右クリックしたテーブルが、そのまま「メジャー」ダイアログボックスの「テーブル名」に自動で指定されます。

2つ目の項目は「メジャーの名前」です。メジャーは名前を付けて作成するよう決められています。メジャーは複数作成でき、区別して管理するために名前を付けるのです。

メジャーの名前は原則、既存のメジャーやフィールドと重複さえしなければ何でもOKです。今回は「合計_数量」とします。では、「メジャーの名前」欄に「合計_数量」と入力してください（画面4）。メジャー名の「合計」と「数量」の間の「_」（アンダースコア）は Shift + \ キーで入力できます。

▼**画面4 「メジャーの名前」を「合計_数量」に設定**

メジャー	
テーブル名(T):	売上
メジャーの名前(M):	合計_数量
値の説明(D):	

メジャー名を入力するよ

ここで指定したメジャー名「合計_数量」はあくまでも筆者が付けたものです。このような形式で命名しなければならないなど、メジャーのルールではありません。「_」を使わなくても全く問題ありません。読者のみなさんが今後、自分でメジャーを作成する際は、どのような集計・分析を行うのかわかりやすいメジャー名を付けるとよいでしょう。

「メジャーの名前」欄の下の「値の説明」欄には、メジャーの概要などを必要に応じて入力します。いわばメモのような役割であり、管理の際に役立つ項目です。今回は空欄のままとします。

なお、「メジャー」ダイアログボックスは、ブックの［Power Pivot］タブの［メジャー］→［新しいメジャー］からでも開くことができます。画面3とは項目の文言などが若干異なる画面になりますが、使い方は同じです。

メジャーのDAX式を入力しよう

次は「メジャー」ダイアログボックスの「数式」欄を入力します。ここはメジャーでどのような集計・分析を行うのか、その計算の数式を記述するという重要な欄です。

画面3を見直すと、「数式」欄にはすでに「=」が入力されています。この「=」の後ろに、目的の集計・分析を行うための数式を記述します。通常のワークシート上のセルの数式とほぼ同じ感覚で記述できるのですが、用いる演算子や関数はDAXのものです。言い換えると、「=」の後ろにDAX式を入力することになります。

今回作成したいメジャーは、列「数量」の合計を求めるメジャーでした。そのように合計を求めるには、「SUM」というDAX関数を使うのが定番です。ワークシートのセルで使う関数（以下、ワークシート関数）にも合計を求めるSUM関数がありますが、DAX関数のSUM関数も同じ機能です。DAX関数自体の書式も「関数名(引数)」であり、ワークシート関数と同じです。

　ただし、引数の指定方法が大きく異なります。ワークシート関数のSUM関数は通常、合計したい値が入ったセル範囲を「始点セル番地:終点セル番地」の形式で指定します。一方、DAX関数のSUM関数では、合計したい値が入ったデータモデル内のテーブルの列を指定します。書式をまとめると以下になります。

書 式

SUM(列)

　列の指定方法は、前節の計算列と学んだのと同じ方法です。目的の列の名前を「[]」で囲むのでした。そして、どのテーブルの列なのかも指定するよう、前に「'テーブル名'」も付けて、「'テーブル名'[列名]」という書式で記述するのでした。

書 式

SUM('テーブル名'[列名])

　今回はデータモデル内のテーブル「売上」の列「数量」を合計したいのでした。よって、書式の「'テーブル名'[列名]」の部分は「'売上'[数量]」となります。これをSUM関数の引数に指定します。
　以上を踏まえると、「メジャー」ダイアログボックスの「数式」欄には、「=」に続けて、次のようにDAX式を記述すればよいとわかります。

数 式

SUM('売上'[数量])

　では、さっそく入力してみましょう。「=」の後ろをクリックすると、カーソルが点滅して入力可能な状態になります。上記の数式をすべて手打ちで入力してもよいのですが、「数式」欄は前節の計算列と同じく、入力の補助機能が充実しています。それを有効活用して入力した方が効率よく、タイプミスも減るのでオススメです。
　まずは関数名の1文字目である「S」だけ入力してください。必ず半角で入力してください。DAX関数の関数名は記号類と同じく、必ず半角で入力します。こちらも全角を自動で半角に変換する入力支援機能はないので、自分自身で半角で入力するよう注意しましょう。
　「=」の後ろに半角で「S」を入力すると、名前が「S」で始まるDAX関数がポップアップに一覧表示されます（画面5）。もし、このポップアップが表示されなければ、「S」を誤って全角で入力してしまった可能性が高いのでチェックしてください。
　ポップアップの一覧をスクロールしていくと、今回の目的の関数名である[SUM]があるので、ダブルクリックしてください。

▼**画面5 ポップアップの一覧からSUM関数を入力**

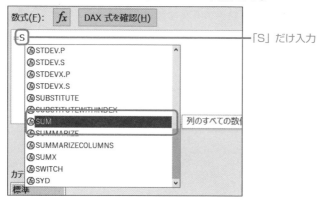

「S」だけ入力

「S」だけ入力すれば、この一覧が表示されるよ

　すると、関数名とその直後の「(」までが自動で入力されます。さらには、計算列のときと同じく、引数に指定可能な列が自動でポップアップに一覧表示されます。一覧をよく見ると、列名だけのものと、テーブル名付きの列の2種類があります。計算列で解説したように、テーブル名付きをオススメします。今回はテーブル名付きで列名を指定したいので、「'売上'[数量]」をダブルクリックしてください（画面6）。

▼**画面6 一覧で['売上'[数量]]をダブルクリック**

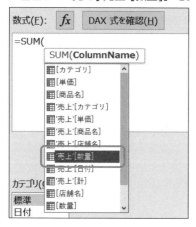

引数も一覧からダブルクリックで入力できるんだね

　すると、「'売上'[数量]」が自動で入力されます。この時点の数式は「=SUM('売上'[数量]」です（画面7）。

▼**画面7 「'売上'[数量]」が自動で入力された**

関数名も引数もラクに入力できた！

　これで完成したと一見思えるかもしれませんが、SUM関数の最後の「)」がまだ入力されていません。自動で入力されないので、「)」を手打ちで入力してください。これで目的の数式「=SUM('売上'[数量])」をすべて入力できました。

　そして、「メジャー」ダイアログボックスが初心者向けなのは、入力したDAX式のチェック機能が備わっていることです。さっそく試してみましょう。「数式」欄のボックスのすぐ上にある［DAX式を確認］をクリックしてください。すると、チェック結果が「数式」欄のボックスのすぐ下に表示されます（画面8）。

▼**画面8　入力したDAX式のチェックを行い、結果が表示された**

エラーなしで安心！

　画面8では「この数式にはエラーがありません」と表示され、チェックの結果、入力したDAX式には問題なかったことがわかりました。もし、問題があると、チェック結果にその内容が表示されます。その際は記号類や関数名のアルファベットが誤って全角になっていないか、記号類の記述モレや関数名のスペルミスはないか、などを中心に確認し、DAX式を適宜修正してください。

　これで「数式」欄に、列「数量」の合計を求めるDAX式を入力し終わりました。続けて、DAX式の計算結果（集計・分析の結果）の表示形式も設定しましょう。「カテゴリ」の一覧から、［数値］を選んでください（画面9）。

▼**画面9　計算結果を桁区切りありの数値で表示するよう設定**

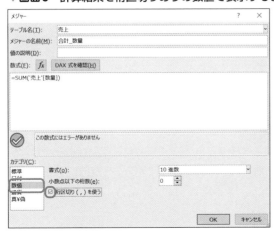

表示形式も細かく設定
できるんだね

　今回は数量の合計であり、計算結果は数値として得たいので、このように設定します。さらに［桁区切り（,）を使う］もオンにしておくと、桁が大きくなった際に「,」で桁を区切るようになるので、より見やすくなります。

　これで「メジャー」ダイアログボックスはすべて入力・設定し終わりました。最後に［OK］をクリックしてください。すると、同ダイアログボックスが閉じます。

　そして、ワークシート「Sheet1」のパワーピボットを見ると、フィールドセクションのテーブル「売上」の下に、先ほど作成したメジャー「合計_数量」のアイコンが新たに出現していることが確認できます（画面10）。自分で作成したメジャーは画面10のように、名前の冒頭に「fx」という印が付きます。

▼**画面10　作成したメジャー「合計_数量」が使えるようになった**

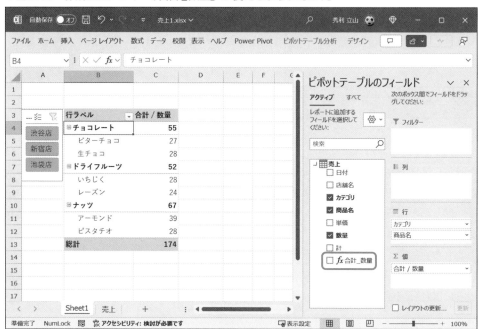

作ったメジャーがフィールド
セクションに表示されたよ

　これで、作成したメジャー「合計_数量」がパワーピボットで使えるようになりました。さっそくエリアセクションの「値」にドラッグしてみましょう。ここでは、すでにある「合計 / 数量」の下に配置するとします。すると画面11のように、D列にメジャー「合計_数量」の集計結果が表示されます。

▼**画面11** D列にメジャー「合計_数量」の集計結果が表示された

行ラベル	合計 / 数量	合計_数量
⊟チョコレート	55	55
ビターチョコ	27	27
生チョコ	28	28
⊟ドライフルーツ	52	52
いちじく	28	28
レーズン	24	24
⊟ナッツ	67	67
アーモンド	39	39
ピスタチオ	28	28
総計	174	174

メジャー「合計_数量」の集計結果

メジャーの集計結果はこう表示されるよ

メジャー「合計_数量」は、テーブル「売上」の列「数量」の合計を求めるメジャーであり、すでにある「合計 / 数量」とあえて全く同じ集計を行うものを作るのでした。画面11を確認すると、メジャー「合計_数量」の集計結果は「合計 / 数量」と完全に一致しており、意図通りにメジャー「合計_数量」を作成できたとわかります。

そして、メジャー「合計_数量」はスライサーによる店舗の絞り込み、カテゴリによるドリルダウン／アップにも、もちろん対応しています。それらの設定に応じて、集計結果が変化します。例えば画面12は、店舗は「渋谷店」のみに絞り込み、カテゴリのレベルにドリルアップした状態です。

▼**画面12** スライサーなどに応じて、集計結果が変化する

メジャーは絞り込みとかにも対応しているよ

行ラベル	合計 / 数量	合計_数量
⊞チョコレート	15	15
⊞ドライフルーツ	14	14
⊞ナッツ	21	21
総計	50	50

読者のみなさんのお手元のパワーピボットでもいろいろ試すとよいでしょう。試し終わったら、スライサーでの絞り込みを解除するなど、画面11の状態に戻しておいてください。

コラム

DAX関数をより効率よく入力するその他の小ワザ

　本節の画面5では、SUM関数の名前の1文字目「S」だけしか入力しなかったのですが、2文字目の「SU」まで入力すると、一覧に表示されるDAX関数が「SU」で始まる名前のDAX関数だけに絞られます。入力したい関数名がわかっているなら、2文字目まで入力した方がより効率的でしょう。

　さらに、DAX関数は「関数の挿入」ダイアログボックスからも入力できます。「メジャー」ダイアログボックスの [DAX式を確認] の左隣りにある [fx] アイコンをクリックすると、「関数の挿入」ダイアログボックス（画面）が表示されます。

▼**画面 「関数の挿入」ダイアログボックス**

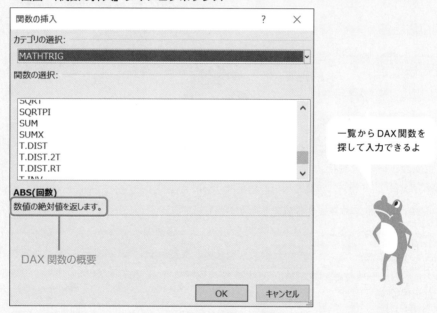

一覧からDAX関数を探して入力できるよ

　「カテゴリを選択」でカテゴリを選び、「関数の選択」の一覧から目的の関数を選んで [OK] をクリックします。これでそのDAX関数が「メジャー」ダイアログボックスの「数式」欄の「=」の後ろに挿入されます。

　また、「関数の選択」の一覧でDAX関数を選ぶと、そのDAX関数の概要がすぐ下に表示されます。そのため、目的などに応じてDAX関数を探してから、記述したい場合などで便利でしょう。

「計算領域」でメジャーを作るには

　本節はここまでに、メジャーの作成方法の1つ目である「メジャー」ダイアログボックスを解説してきました。ここからは2つ目の方法である「Power Pivotウィンドウの計算領域」を解説します。この「計算領域」とは、前章2-2節ですでに解説しましたが、Power Pivotウィンドウのテーブルが表示される領域のすぐ下にある表形式の領域でした。

　ここで計算領域を見てみましょう。Power Pivotウィンドウに切り替えてください（画面13）。

▼**画面13　Power Pivotウィンドウに切り替える**

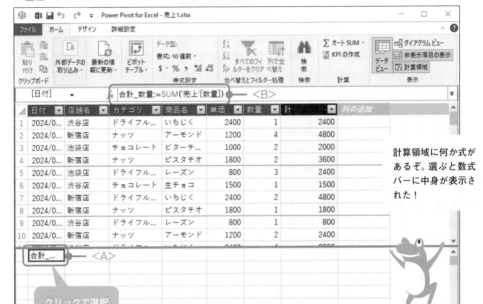

　前章で見た際は、計算領域には何も表示されていませんでしたが、画面13をよく見ると、列「日付」の位置の1行目のセルに、「合計_…」と表示されています（画面13<A>）。さらにそのセルを選択すると、Power Pivotウィンドウの数式バーに以下の式が表示されます（画面13<B>）。

数　式

合計_数量:=SUM('売上'[数量])

　この式は、先ほど「メジャー」ダイアログボックスで作成したメジャー「合計_数量」のDAX式です。「:=」以降が、先ほどの作成時に入力したDAX式に該当します。「メジャー」ダイアログボックスでメジャーを作成すると、画面12のように計算領域に保存されるのです。

そして、計算領域にて上記のように式を手入力することで、メジャーを作成することもできます。これがメジャーを作成する2つ目の方法「Power Pivotウィンドウの計算領域」に該当します。書式は以下です。

数 式

メジャー名:=DAX式

まずはメジャー名を入力します。日本語も使えます。メジャー名に続けて、「:=」(コロンとイコール)を半角で入力します。その後ろに目的の計算を行うDAX式を入力します。

このような書式に従ったメジャーの式を計算領域のセルに入力します。入力先のセルは任意で構いません。入力先となる計算領域のセルを選択したら、数式バーに上記書式で入力していきます。その際は「メジャー」ダイアログボックスと同様の補助機能が使えます。また、カンマ区切りの数値にするなど、計算結果の書式設定は、Power Pivotウィンドウの［ホーム］タブの「書式設定」グループで行えます。

以上が「Power Pivotウィンドウの計算領域」にてメジャーを作成する方法です。「メジャー」ダイアログボックスの方法との使い分け方は、筆者個人としては、初心者に間は「メジャー」ダイアログボックスをオススメします。わかりやすく、DAX式のチェックもできるからです。

メジャーに慣れてきたら、「Power Pivotウィンドウの計算領域」に式を入力する方法も適宜使っていくとよいでしょう。ちょっとしたメジャーなら、「メジャー」ダイアログボックスよりも素早く作成できるでしょう。また、データモデルのテーブルのデータを見ながら、メジャーを作成できるのもメリットです。

「暗黙のメジャー」について

さて、繰り返しになりますが、本節では列「数量」の合計を求めるメジャー「合計_数量」を自分でゼロから作成しました。

一方、前章でパワーピボットにて体験したように、フィールドセクションのフィールド「数量」(列「数量」)をエリアセクションの「値」に配置すると、「合計 / 数量」という名称にて、数量の合計を集計できました。こちらも列「数量」の合計を求めているので、結果的にはメジャーと同じ処理を行っているものと見なせます。

パワーピボットでは、この列「数量」における「合計 / 数量」のように、テーブルに数値のデータの列がある場合、標準で合計を求められます。そのために実は裏側で、合計を求めるメジャーが自動生成されているのです。そのようなメジャーは「暗黙のメジャー」と呼びます。

暗黙のメジャーはPower Pivotウィンドウの計算領域で確認できます。実際に見てみましょう。

先ほど計算領域にて、メジャー「合計_数量」が作成されているセルを選択して、数式バーに表示しました。このように既存のメジャーのセルが選択されていると、暗黙のメジャーは

表示できないようになっています。そのため、他の任意の空のセルをクリックして、メジャー「合計_数量」のセル以外を選択した状態にしてください。

その状態で［詳細設定］タブの［暗黙のメジャーの表示］をクリックしてください（画面14）。

▼画面14　［暗黙のメジャーの表示］をクリック

自動で作ってもらった暗黙の
メジャーはこれで表示できるよ

　これで暗黙のメジャーが計算領域に表示されます（画面15）。なお、［暗黙のメジャーの表示］をもう一度クリックすると非表示になります。

　暗黙のメジャーを表示したあと、テーブルの列「数量」の位置で、計算領域の1行目のセルを見ると、何やら式のようなものの断片が見えます。クリックすると画面15のように、数式バーに暗黙のメジャーのDAX式が表示されます。

▼**画面15 計算領域に暗黙のメジャーが表示される**

計算領域の暗黙のメジャーを選ぶと、数式バーにDAX式が表示されるよ

数式バーの式は以下の内容になっています。

数 式

合計 / 数量:=SUM('売上'[数量])

　この暗黙のメジャーが裏で自動作成されていたのです。メジャーの書式に照らし合わせると、メジャー名は「合計 / 数量」です。フィールドセクションの［数量］をエリアセクションの「値」にドラッグした際、「合計 / 数量」と表示されたのは、このメジャー名でDAX式が自動作成され、使われたからです。

　「:=」の後ろは、テーブル「売上」の列「数量」の合計をSUM関数で求めるDAX式です。こちらは先ほど自分で作成したメジャー「合計_数量」と同じDAX式になっています。

　さらにその隣のセルをクリックしてください。テーブル「売上」の計算列「計」の位置のセルです。そこにも暗黙のメジャーが自動作成されています（画面16）。

▼画面16　計算列「計」の暗黙のメジャー

```
合計 / 計:=SUM('売上'[計])
```

カテゴリ ▼	商品名 ▼	単価 ▼	数量 ▼	計 ▼	列d
ドライフル...	いちじく	2400	1	2400	
ナッツ	アーモンド	1200	4	4800	
チョコレート	ピターチ...	1000	2	2000	
ナッツ	ピスタチオ	1800	2	3600	
ドライフル...	レーズン	800	3	2400	
チョコレート	生チョコ	1500	1	1500	
ドライフル...	いちじく	2400	2	4800	
ナッツ	ピスタチオ	1800	1	1800	
ドライフル...	レーズン	800		00	
ナッツ	アーモンド	1200		00	
ドライフル...	いちじく	2400	4	9600	
ドライフル...	いちじく	2400	2	4800	
			合計 /...	合計 / 計: 25...	

クリックで選択

計算列も暗黙のメジャーが
自動で作成されるんだね

数式バーを確認すると、次の式が入力されていることがわかります。

数　式

合計 / 計:=SUM('売上'[計])

　この「計」は前節で追加した計算列です。このように計算列を追加しても、その合計を求める暗黙のメジャーが自動で作成されます。メジャー名は「合計 / 計」となっています。自動で「合計 / 列名」の形式で命名されます。

　計算列「列」をデータモデルに追加後、パワーピボットのエリアセクションの「値」にドラッグした際、計算列「計」の「単価×数量」の合計が「合計 / 計」として表示されたのは、このような暗黙のメジャー「合計 / 計」が裏で自動作成されていたからです。

　また、ここで確認した2つの暗黙のメジャーは、DAX式が入力されているセルの列幅を広げると、計算結果である合計値が表示されます。もしくはセルをマウスオーバーすると、合計値がツールチップで表示されます。

　なお、暗黙のメジャーのDAX式は、Power Pivotウィンドウで数式バーをクリックしても、カーソルが点滅せず編集できません。そのため、暗黙のメジャーの名前や計算内容の変更、削除はできません。

メジャーとデータモデルの関係

　メジャーの作成方法の基礎は以上です。本節の最後に、メジャーとデータモデルの関係を補足します。

　前章2-2節では、データモデルは「集計・分析対象のデータをはじめ、パワーピボットで必要な要素をまとめておく"入れ物"のような仕組み」と解説しました。その「必要な要素」

として、集計・分析対象のデータを挙げました。具体的には、売上の表をテーブル化して読み込んで追加しました。

データモデルに入れられる「必要な要素」はそれらデータに加え、本章でこれまで解説した計算列とメジャーも含まれます（図1）。

図1 **データモデルには計算列とメジャーも含まれる**

いわば、パワーピボットで集計・分析に「必要な要素」とは、"材料"であるデータに加え、"道具"である計算列やメジャーも含まれるということです。

さらには、次章で解説する「リレーションシップ」もデータモデルに含まれることになります。図1の「構造」に該当するのですが、リレーションシップが何かを含め、次章で改めて解説します。

コラム

作成したメジャーの管理

　自分で作成したメジャーを管理するには、「メジャーの管理」画面が手軽です。開くには、ブックの［Power Pivot］タブの［メジャー］→［メジャーの管理］をクリックします（画面1）。

▼**画面1**　［メジャー］→［メジャーの管理］をクリック

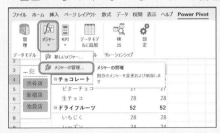

ブックの［Power Pivot］タブから開くよ

　「メジャーの管理」のメイン画面は以下です（画面2）。自分で作成したメジャーの名前とDAXと式が一覧表示されます。暗黙のメジャーは表示されません。

▼**画面2**　「メジャーの管理」画面

自分で作成したメジャーが一覧表示されるよ

　一覧で目的のメジャーを選択し、［編集］をクリックすると、「メジャー」ダイアログボックスが開き、中身を編集できます。［削除］をクリックすると削除できます。もし、DAX式などを誤ったままメジャーを作成してしまったら、この方法であとから修正できます。もちろん計算内容の変更のためのDAX式の編集も行えます。

　また、メジャーの編集はパワーピボットのフィールドセクションにて、目的のメジャーを右クリック→［編集］でも可能です。削除も右クリック→［削除］でできます。加えて、Power Pivotウィンドウの計算領域でも、メジャーの編集や削除ができます。

3-3 DAX関数を活かした メジャーを作ろう

パワーピボットらしい「SUMX」関数

前節では本章サンプル「売上1.xlsx」を用いて、メジャーのはじめの一歩として、メジャーの作成方法の基礎を学びました。そこで作成したメジャー「合計_数量」はテーブル「売上」の列「数量」の合計を求めるものでした。ごく単純なメジャーであり、自動で作成される暗黙のメジャー「合計 / 数量」と全く同じ結果が得られるものでした。もっと言えば、通常のピボットテーブルでも、列「数量」のような数値データの合計はユーザーが意識しなくても標準で集計できます。

本節では、もう少しパワーピボットらしいメジャーを作成します。ただし、作成するのは「単価×数量」の合計を求めるメジャーとします。得られる集計結果は、既存の計算列「計」の暗黙のメジャー「合計 / 計」と全く同じものです。

本節でこれから学ぶ方法、作るメジャーの何が「もう少しパワーピボットらしい」のかというと、「SUMX」というDAX関数を使う点です。このSUMX関数はどのようなDAX関数であり、何が特徴なのか、具体的にどのようなことができるのか、通常のピボットテーブルの集計とどう違うのかなどを順に解説していきます。

SUMX関数を学ぶにあたり、準備として、本章サンプル「売上1.xlsx」のワークシート「Sheet1」のパワーピボットを画面1の状態に変更しておいてください。エリアセクションの「値」には、「合計 / 計」のみがあり（フィールド「計」のみ配置）、かつ、スライサーによる店舗での絞り込みはなしの状態です。

▼画面1　エリアセクションの「値」に［合計 / 計］のみを配置

行ラベル	合計 / 計
⊟チョコレート	69000
ビターチョコ	27000
生チョコ	42000
⊟ドライフルーツ	86400
いちじく	67200
レーズン	19200
⊟ナッツ	97200
アーモンド	46800
ピスタチオ	50400
総計	252600

この状態にしておいてね

ピボットテーブルのフィールド

売上
□ 日付
□ 店舗名
☑ カテゴリ
☑ 商品名
□ 単価
□ 数量
☑ 計
□ fx 合計_数量

行　カテゴリ　商品名
Σ 値　合計 / 計

Sheet1　売上

SUMX関数の機能とメリット

ここまでに本章サンプル「売上1.xlsx」で、ワークシート「売上」にある元の売上の表（テーブル「売上」）のE列「単価」とF列「数量」を掛けた「単価×数量」の合計を求めるにあたり、3-1節ではデータモデルに「単価×数量」の計算列を追加しました。

また、実際には行いませんでしたが、他に考えられる方法として、ワークシート「売上」の売上の表のG列に「単価×数量」の列を追加すれば、通常のピボットテーブルでも合計を求められます。売上の表をテーブル化したあとも同様です。

SUMX関数はこれらの方法と同じく、「単価×数量」の合計を求められます。SUMX関数の機能を一文で表すと、「指定した計算を表（テーブル）の行ごとに実施し、その合計を求める」です。現時点ではまだピンと来ないかと思いますので、ひとまず図1のイメージだけを頭に入れてください。

図1 SUMX関数の機能のイメージとメリット（後述）

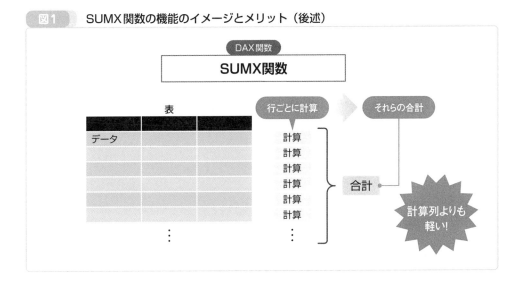

さて、「単価×数量」の合計を求めるだけなら、計算列による方法、および元の表に「単価×数量」の列を追加する方法でも可能なのに、SUMX関数をわざわざ使うメリットは何でしょうか？

ここで、3-1節にてPower Pivotウィンドウでデータモデルに追加した「単価×数量」の計算列「計」を思い出してください。3-1節の画面6（64ページ）のように、計算列「計」の各行のセルには、列「単価」の値に列「数量」の値を掛け算する数式がそれぞれ入力されます。なおかつ、その計算結果の値がそれぞれ求められ、表示されるのでした。

この計算列のメリットのひとつが、データの件数が増えた場合、ワークシート「売上」の売上の表のG列に「単価×数量」の列を追加する方法に比べて、動作が大幅に軽いことでした。とはいえ、計算列もデータ件数が多いと、各行に「単価×数量」の計算結果を保持するなど関係で、Excelの動作にそれなりの負担がかかります。

　その点、SUMX関数なら、「単価×数量」の合計という結果だけを求めます。計算列のように、データモデルの各行に「単価×数量」の数式および計算結果を保持・表示しません。そのため、計算列に比べて動作が軽いことがメリットなのです。

　なお、参考までに述べると、「単価×数量」の合計を求める他の方法として、通常のピボットテーブルにて、「集計フィールド」機能を使えばできそうと思ったかもしれません。しかし、集計フィールドの仕様の関係で、「単価×数量」の合計を適切に求められません。すべての行の単価が合計されたうえで、数量の合計が掛け算されてしまうからです。

● SUMX関数の基本的な使い方

　それでは、SUMX関数を実際に使ってみましょう。基本的な使い方を学ぶとともに、SUMX関数の機能への理解も深めていってください。

　SUMX関数の書式は以下です。

書　式

SUMX (表 , 式)

　引数は2つです。第1引数の「表」には、集計・分析の対象となる表（テーブル）を指定します。原則、データモデルのテーブルを指定することになります。テーブルの指定方法は本章でこれまで学んだように、テーブル名を「'」で囲み、「'テーブル名'」の書式で記述します。

　第2引数の「式」には、計算式をDAX式として指定します。計算式で用いる値は基本的に、テーブルの列として指定します。この記述方法も本章ですでに学んだとおり、「'テーブル名'[列名]」という書式でした。列名を「[]」で囲んで列を指定し、その前に「'テーブル名'」を付けてテーブルも指定するのでした。

　この第2引数「式」に指定した計算式が第1引数で指定したテーブルの行ごとに実施されます。そして、行ごとの計算結果の合計がSUMX関数の最終的な戻り値になります（図2）。

図2 SUMX関数の引数と計算の関係

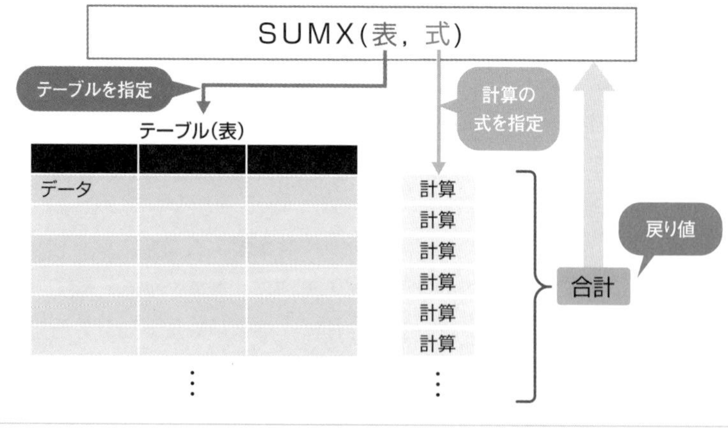

● SUMX関数を使ってメジャーを作ろう

本節でここまでにSUMX関数の機能や使い方を学びましたが、実際に体験した方がより理解できるので、さっそく本章サンプル「売上1.xlsx」で使ってみましょう。

ここでは「単価×数量」の売上の合計を求めるメジャーをSUMX関数で作成するとします。計算列「計」の暗黙のメジャー「合計／計」と同じ集計を行い、同じ結果が得られるメジャーを、SUMX関数を使って作ることになります。

メジャー名は何でもよいのですが、「合計_売上」とします。このメジャー名も筆者が独自に付けたものです（以下同様）。このメジャー「合計_売上」の数式（DAX式）はどのように記述すればよいか、考えていきましょう。

第1引数「表」には、集計・分析の対象となるデータモデルのテーブルを指定するのでした。本章サンプルではテーブル「売上」が該当します。よって、テーブル名を「'」で囲み、「'売上'」と指定すればOKです。

数 式

```
SUMX('売上', 式)
```

続けて、第2引数「式」に指定する計算式を考えましょう。今回は「単価×数量」の合計を求めたいので、引数「式」には「単価×数量」の数式を指定すればよいことになります。

具体的にはデータモデルのテーブル「売上」の列「単価」と列「数量」を掛け算する数式を記述します。テーブル「売上」の列「単価」はこれまで学んだとおり、「'売上'[単価]」と記述します。同じく、テーブル「売上」の列「数量」は「'売上'[数量]」と記述します。

これら2つの列を掛け算するには、掛け算のDAX演算子である「*」（半角のアスタリスク）を用います。計算列「計」でも使ったDAX演算子です。

以上をまとめると、目的の計算式は以下とわかります。

数 式

```
'売上'[単価]*'売上'[数量]
```

上記計算式をSUMX関数の第2引数「式」に指定します。これで、メジャー「合計_売上」の数式（DAX式）がわかりました。

数 式

```
SUMX('売上','売上'[単価]*'売上'[数量])
```

● メジャーをダイアログボックスで作る

さっそくメジャー「合計_売上」を作成しましょう。今回は「メジャー」ダイアログボック

スで作るとします。ワークシート「Sheet1」のパワーピボットのフィールドセクションにて、テーブル「売上」を右クリックし、[メジャーの追加]をクリックしてください（画面2）。

▼画面2 テーブル「売上」を右クリック→[メジャーの追加]をクリック

必ずテーブル「売上」を
右クリックしてね

「メジャー」ダイアログボックスが表示されるので、各欄を入力・設定します。「テーブル名」欄は自動入力された「売上」のままとします。「メジャーの名前」欄には、今回決めたメジャー名である「合計_売上」を入力してください。

「数式」欄には、「=」に続けて、先ほど考えた数式「SUMX('売上','売上'[単価]*'売上'[数量])」を入力していきます。その際、関数名やテーブル名および列名の入力は補助機能を活用しましょう。関数名の「SUMX」は、「S」もしくは「SU」までを半角で入力すると、それで始まる名前のDAX関数の候補がポップアップで一覧表示されるので、「SUMX」をダブルクリックして入力します。

第1引数「表」にテーブルを指定する際、関数名の後の「(」までしか入力していない状態だと、テーブル名ではなく、DAX関数の候補がポップアップで一覧表示されてしまいます。テーブルの候補をポップアップに一覧表示するには、最初の「'」を入力してください（画面3）。一覧表示された候補から、テーブル「売上」をダブルクリックして入力してください。

▼画面3 「'」を入力すると、テーブルの候補が一覧表示される

テーブルは「売上」の1つ
しかないから、一覧に表示
されるのもそれだけだよ

もし、ポップアップにテーブルが表示されなければ、誤って「'」が全角になっていないかチェックしてください。他の記号類の入力時も同様です。

第1引数「表」を入力し終えたら、「,」（カンマ）を必ず半角で入力したのち、第2引数「式」に、先ほど考えた数式「'売上'[単価]*'売上'[数量]」を入力してください。こちらのテーブルや列についても、入力補助機能を活用しましょう。その際はここまでと同じく、「'」や「[」、「]」、「*」を誤って全角で入力しないよう注意してください。

目的の数式をすべて入力し終わったら、[DAX式を確認]をクリックしてチェックしておきましょう。もしエラーになったら、記号類や関数名を誤って全角で入力していないか、記述モレや関数名のスペルミスはないかなどを確認してください。

　「数式」欄を入力し終えたら、次は「カテゴリ」欄です。このメジャーでは集計結果を数値としてほしいので、「カテゴリ」欄では［数値］を選択します。さらに数値を見やすくするため、［桁区切り（,）を使う］をオンにしたら、［OK］をクリックしてください（画面4）。

▼**画面4　「メジャー」ダイアログボックスの各欄を入力・設定**

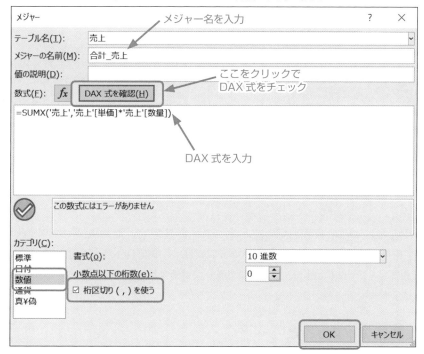

「カテゴリ」も忘れずに
設定しよう

　これでメジャー「合計_売上」を作成できました。パワーピボットのフィールドセクションに「fx」アイコン付きで表示されます。

　このメジャー「合計_売上」をエリアセクションの「値」にドラッグして配置してください。今回は既存の「合計 / 計」の下に配置するとします。すると画面5のように、パワーピボットのD列にメジャー「合計_売上」が追加され、「単価×数量」の合計が表示されます。

▼**画面5** メジャー「合計_売上」で「単価×数量」の合計を求めた

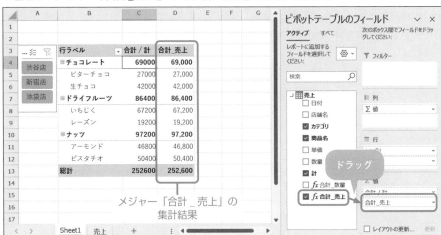

メジャー「合計_売上」で「単価×数量」を集計できたよ

　メジャー「合計_売上」の集計結果は、C列にある「合計 / 計」(計算列「計」の暗黙のメジャー)と見比べると、桁区切りのカンマがある/ないの違いだけで、数値自体は全く同じ集計結果が得られています。メジャー「合計_売上」は意図通り「単価×数量」の合計を求められていることが確認できます。

計算列「計」を削除してみると……

　さらにここで念のため、計算列「計」をデータモデルから削除し、メジャー「合計_売上」が「単価×数量」の合計という集計結果だけを求められていることを改めて確認してみましょう。

　Power Pivotウィンドウに切り替え、テーブル「売上」の計算列「計」の列見出しを右クリックし、[列の削除]をクリックしてください(画面6)。なお、画面6はデータモデルのテーブルの列幅を狭く設定した状態です。

▼**画面6** 列見出しを右クリック→[列の削除]をクリック

Power Pivotウィンドウで、計算列「計」の列見出しを右クリックだよ

確認のメッセージが表示されるので、[はい] をクリックしてください（画面7）。

▼**画面7　確認のメッセージの [はい] をクリック**

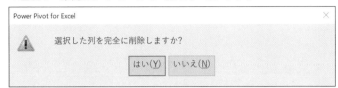

そのまま [はい] を
クリックしてね

これでデータモデルから計算列「計」が削除されました（画面8）。暗黙のメジャー「合計 ／ 計」もあわせて削除されます。なお、画面8は [詳細設定] タブの [暗黙のメジャーの表示] をオンにした状態です。

▼**画面8　データモデルから計算列「計」が削除された**

計算列「計」が削除されたよ

また、画面8では列「日付け」の計算領域の2行目のセルに、先ほど作成したメジャー「合計_売上」のDAX式が入力されていることが確認できます。1行目のセルは3-1節で作成したメジャー「合計_数量」です。

ブックに切り替えて、ワークシート「Sheet1」のパワーピボットを見ると、フィールドセクションも含め、計算列「計」が削除されたことが確認できます。そして、本節で作成したメジャー「合計_売上」だけが配置された状態になりましたが、ちゃんと「単価×数量」の合計が集計できていることが改めて確認できます（画面9）。

▼**画面9　メジャー「合計_売上」は正しく集計できていることを確認**

うん、ちゃんと集計
できてるぞ！

以上がSUMX関数を使ったメジャーを作成する方法です。SUMX関数はこのようにテーブルの行単位で指定した計算を行い、その合計を求められる関数です。繰り返しになりますが、計算列「計」と同じ集計結果が得られるものの、より動作が軽いというメリットがあります。

DAX関数には他にも「AVERAGEX」関数や「COUNTAX」関数など、関数名の末尾に「X」が付く関数がありますが、それらはすべてテーブルの行単位で繰り返し計算して処理するタイプの関数です。専門用語で「イテレータ」と呼びます。この用語はともかく、そのようなタイプの関数があることだけ、頭の片隅に入れておくとよいでしょう。

メジャーと計算列の違いと使い分け

本章ではここまでに、3-1節で計算列、前節と本節でメジャーの基礎を解説しました。メジャーと計算列の使い分け方ですが、3-1節で追加した計算列「計」のように、データモデルのテーブルの1行ごとに、途中の計算結果をPower Pivotウィンドウに取得・表示したければ、計算列を使います。逆に、本節で作成したメジャー「合計_売上」のように、テーブルの1行ごとに計算結果は必要なく、最終的な集計・分析の結果だけが欲しければメジャーを使います（図3）。

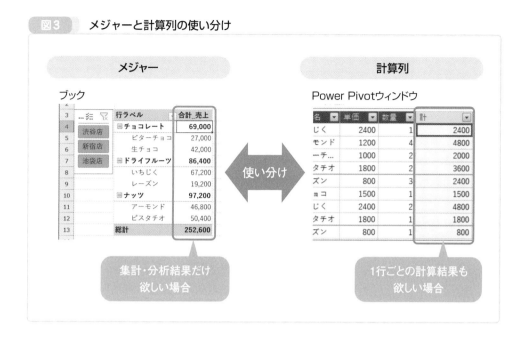

図3 メジャーと計算列の使い分け

メジャーと計算列の違いや得意／不得意などから見た使い分け方は他にもあるのですが、初心者はとりあえず上記のような使い分け方さえわかっていればよいでしょう。筆者個人としては、メジャーを中心に使い、テーブルの1行ごとの計算結果がどうしても必要な場合のみ、計算列を使うというスタイルがよいと考えています。

「CALCULATE」関数で より高度なメジャーを作ろう

「CALCULATE」関数を使おう

前節ではSUMX関数を使って、「単価×数量」の合計を求めるメジャーを作成しました。このSUMX関数というDAX関数による集計は、パワーピボットらしい仕組みです。

本節では、さらにパワーピボットらしい仕組みとして、「CALCULATE」というDAX関数を取り上げます。パワーピボットならでの高度な集計・分析が柔軟に行える強力なDAX関数であり、前節までのSUMX関数などと同様に、メジャーや計算列に用います。より実践的な集計・分析で非常によく使うDAX関数なので、基礎をしっかりとマスターしましょう。

本節では、本章サンプル「売上1.xlsx」を用い、CALCULATE関数のごく単純な例となるメジャーを作成するとします。そのなかでCALCULATE関数の基礎を学びます。

どのようなメジャーを作るかというと、「高単価」の商品の売上を集計するメジャーです。今回は単価が1,500円以上の商品を「高単価」の商品と定義します。「売上1.xlsx」には前章2-1節で紹介したとおり、6種類の商品が登場します。ここで商品の一覧表を再度提示しておきます（表1）。

▼表1　商品の一覧表

カテゴリ	商品名	単価
ドライフルーツ	レーズン	¥800
ドライフルーツ	いちじく	¥2,400
ナッツ	アーモンド	¥1,200
ナッツ	ピスタチオ	¥1,800
チョコレート	ビターチョコ	¥1,000
チョコレート	生チョコ	¥1,500

単価が1,500円以上の商品は「いちじく」(2,400円)、「ピスタチオ」(1,800円)、「生チョコ」(1,500円)の3種類が該当します。元の売上の表（テーブル「売上」）から、これら3商品の「単価×数量」の合計を求めるメジャーをCALCULATE関数で作成するとします（図1）。メジャー名は「合計_売上_高単価」とします。

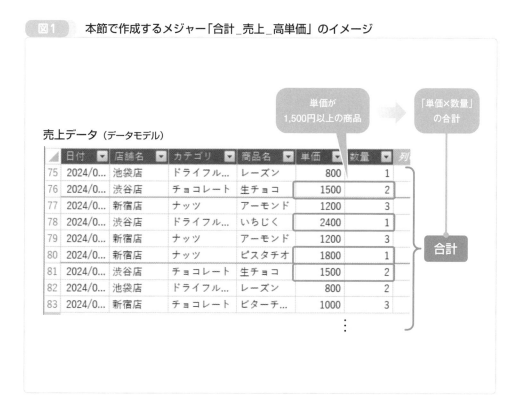

図1 本節で作成するメジャー「合計_売上_高単価」のイメージ

　なお、単価が1,500円以上の商品の売上（「単価×数量」の合計）を求めるだけなら、パワーピボットおよび通常のピボットテーブルの「ラベルフィルター」機能などでも可能です。ただ、フィルターの条件の設定にいちいち手間がかかったり、他の集計・分析結果と同時に表示できなかったりなど、何かと不便な面があります。その点、メジャーなら一度作ってしまえば、その後は手間いらずであり、かつ、他の集計・分析結果と同時に表示できます。

　とはいえ、メジャー「合計_売上_高単価」はごく単純な例ゆえ、CALCULATE 関数の入門にはピッタリなのですが、残念ながら、CALCULATE関数の実力が十分に発揮されたメジャーではありません。どのような集計・分析を行うメジャーがCALCULATE関数の実力が十分に発揮されるのかは、本節の最後に簡単に紹介します。

CALCULATE関数の機能と書式

　では、メジャー「合計_売上_高単価」の作成を始めます。最初にCALCULATE関数について解説します。

　CALCULATE関数はどのようなDAX関数なのか、その機能は初心者にはわかりづらいと言えるでしょう。イメージは図2の「指定した条件のもとに集計・分析を行う」です。別の見方をすると「集計・分析の結果から、条件に合致するものだけを抜き出す」とも言えます。まずはザックリとこのイメージだけをつかんでください。

図2 CALCULATE関数の機能のイメージ

┌─────── 条 件 ───────┐
│   │
│   集計・分析   │
│   │
└──────────────────────┘

　これがCALCULATE関数の機能の全体像になります。このイメージの「条件」および「集計・分析」を柔軟に指定できるのがCALCULATE関数の強みです。

　以上がCALCULATE関数のイメージですが、ほんやりとしたイメージであるため、まだモヤモヤしている読者の方が多いかと思います。ここからはCALCULATE関数を実際に使って体験していくなかで、ぼんやりとしたイメージから、具体的な姿へと近づいていきましょう。

　とりあえず最初に書式を解説します。CALCULATE関数の基本的な書式は以下です。

書 式

```
CALCULATE(式, フィルター)
```

　第1引数「式」には、目的の集計・分析を行う数式を指定します。つまり、DAX式を指定します。前節までにメジャー作成の基礎を学んだなかで登場したDAX式と全く同じく、DAX演算子やDAX関数を使って記述します。

　第2引数「フィルター」には、集計・分析の条件を指定します。簡単な具体例をこのあと解説します。こちらもDAX式で指定します。第1引数「式」に指定した集計・分析が、この第2引数「フィルター」に指定した条件で実行され、その結果がCALCULATE関数の戻り値として得られます。

　以上がCALCULATE関数の2つの第1引数「式」と第2引数「フィルター」、戻り値の概要と関係です（図3）。

図3 CALCULATE関数の2つの引数と戻り値

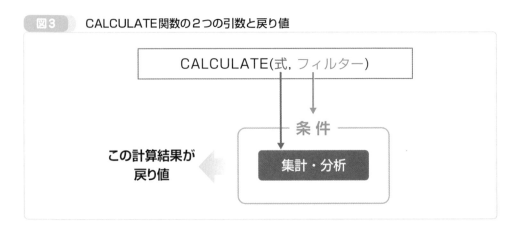

そして、CALCULATE関数の特徴として、先ほど第1引数「式」にはDAX式を指定すると述べましたが、それに加え、メジャーも指定できます。データモデルの中ですでに作成してあるメジャーを第1引数「式」指定できるのです（図4）。言い換えると、既存のメジャーとCALCULATE関数を組み合わせて、新たなメジャーを作成できることになります。こちらも簡単な具体例をこのあと解説します。

図4 第1引数「式」には、作成済みのメジャーも指定できる

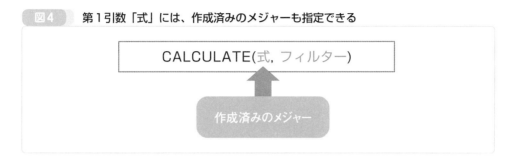

CALCULATE関数の第1引数「式」の中で数式に既存のメジャーを指定するには、以下の書式でメジャーを記述します。

書 式

［メジャー名］

目的のメジャーの名前を「[」と「]」で囲って記述します。例えばメジャー「合計_売上」なら、名前の「合計_売上」を「[」と「]」で囲って、次のように記述します。これまでと同様に、「[」と「]」は必ず半角で書いてください。

数 式

［合計_売上］

CALCULATE関数の機能と書式の基本の解説は以上です。

なお、上記書式「[メジャー名]」は、テーブルの列の指定の書式「'テーブル名'[列名]」における「[列名]」の箇所と同じかたちの書式とも言えます。列は原則、テーブル名とセットの書式で指定しますが、メジャーは原則、テーブル名とセットではなく、メジャー名だけを使って指定します。

また、CALCULATE関数では、フィルターを複数同時に設定することも可能です。その場合、2つ目のフィルターは第3引数、3つ目のフィルターは第4引数……というかたちで、「,」区切りで並べて指定します。本書では、フィルターは1つしか使いませんが、複数設定できることも知っておくとよいでしょう。

● メジャー「合計_売上_高単価」のDAX式は？

ここまでにCALCULATE関数の書式を学びましたが、まだモヤモヤしていることでしょう。CALCULATE関数の書式や使い方は、具体例を見た方がはるかに理解が早いものです。では、さっそくメジャー「合計_売上_高単価」の作成に取り掛かりましょう。

このメジャーではすでに提示したとおり、単価が1,500円以上である高単価商品（いちじく、ピスタチオ、生チョコ）の売上（単価×数量）の合計を求めたいのでした。そのためにCALCULATE関数の2つの引数をどう指定すればよいのか、これから順に考えていきます。

まずは第1引数「式」です。つい先ほど学んだように、目的の集計・分析を行う数式を指定すればよいのでした。今回なら、売上（単価×数量）の合計を求める数式です。

そのDAX式を記述してもよいのですが、その集計を行えるメジャー「合計_売上」がすでに作成してあります。ゼロから考えてDAX式を記述しなくても、メジャー「合計_売上」が作成済みなので、この"ありもの"の利用しない手はありません。

第1引数「式」にメジャー「合計_売上」を指定するには、先ほど学んだ書式に従い、メジャー名を「[」と「]」で囲って、「[合計_売上]」と記述すればよいのでした。

ここまでをまとめると、CALCULATE関数は以下のように関数名と第1引数「式」を指定すればよいとわかりました。

数 式

```
CALCULATE([合計_売上],フィルター)
```

続けて、第2引数「フィルター」を考えます。今回指定したい条件は「単価が1,500円以上」です。単価のデータはデータモデル内のテーブル「売上」の列「単価」にあるのでした。その値を取得するには、書式「'テーブル名'[列名]」に乗っ取り、「'売上'[単価]」と記述すればよいとわかります。

「〜以上」は、そのような比較を行うDAX演算子である「>=」を用います。通常のワークシート関数や数式でも、「〜以上」の比較演算子「>=」がありますが、それと同じものがDAX演算子にもあります。使い方も同じです。

この「〜以上」の比較を行うDAX演算子の左辺には、テーブル「売上」の列「単価」である「'売上'[単価]」を指定します。右辺には1,500円を表す数値の1500を指定します。

以上をまとめると、目的の条件の数式は以下であるとわかります。

数 式

```
'売上'[単価]>=1500
```

上記数式を第2引数「フィルター」に指定すると以下になります。

数 式

CALCULATE([合計_売上],'売上'[単価]>=1500)

　以上が今回作成したいメジャー「合計_売上_高単価」のDAX式です。CALCULATE関数の第1引数「式」に指定したメジャー「合計_売上」による集計が、第2引数「フィルター」に指定した「'売上'[単価]>=1500」という条件のもとに実行されます。つまり、単価が1,500円以上の商品の売上（「単価×数量」）の合計が求められます（図5）。その結果がCALCULATE関数の戻り値として得られるのです。

図5　　今回のCALCULATE関数のDAX式の構造と動作

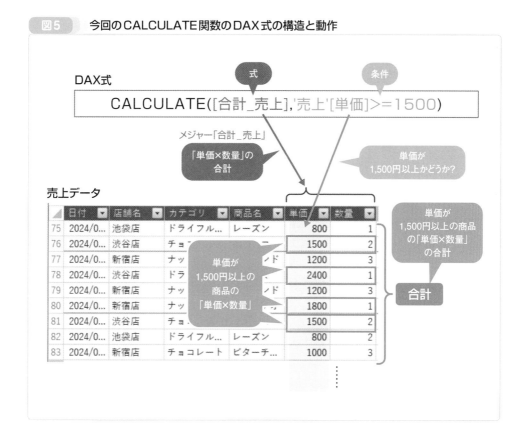

メジャー「合計_売上_高単価」を作ろう

　では、メジャー「合計_売上_高単価」を作成しましょう。本章サンプル「売上1.xlsx」のワークシート「Sheet1」のパワーピボットにて、フィールドセクションのテーブル「売上」を右クリックし、［メジャーの追加］をクリックしてください（画面1）。

▼画面1　テーブル「売上」を右クリック→［メジャーの追加］をクリック

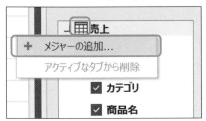

これまでと同じく、右クリックするのはテーブル「売上」だよ

「メジャー」ダイアログボックスが表示されます。「メジャーの名前」欄に、今回のメジャー名である「合計_売上_高単価」を入力してください（画面2）。

▼画面2　メジャー名「合計_売上_高単価」を入力

まずはメジャーの名前を入力するよ

　次に「数式」欄にて、自動で入力されている「＝」の後ろに、先ほど考えたDAX式「CALCULATE([合計_売上],'売上'[単価]>=1500)」を入力します。CALCULATE関数の関数名は「＝」に続き、「CA」など最初の何文字かを半角で入力すれば、ポップアップの候補から選んで入力できます。関数名とともに、最初の「(」まで自動で入力されます。

　第1引数「式」には、メジャー「合計_売上」を指定したいのでした。今回の利用したい"ありもの"のメジャーです。「CALCULATE(」の後ろで「[」だけを入力してください。必ず半角で入力するよう注意してください。

　すると、ポップアップが表示され、入力可能なメジャーが一覧表示されます。フィールドセクションと同じく、冒頭に「fx」アイコンが付きます。この中から、目的のメジャーである［合計_売上］をダブルクリックしてください（画面3）。

▼画面3　メジャーの一覧で［合計_売上］をダブルクリック

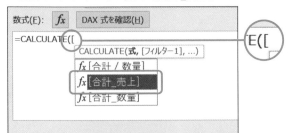

「[」を入力すれば、メジャーが一覧表示されるよ

　すると、メジャー指定の書式に従った「[合計_売上]」が、「CALCULATE(」の後ろに自

動で入力されます（画面4）。

▼**画面4** 「[合計_売上]」が自動で入力された

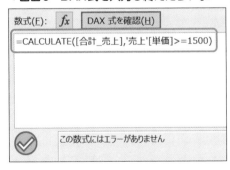

ダブルクリックで
メジャーを入力できた！

もし、誤って別のメジャーをダブルクリックして入力してしまったら、BacK Spaceキーなどで消してから、入力し直してください。

これで第1引数「式」は完了です。続けて、「,」（カンマ）を半角で入力したのち、第2引数「フィルター」を指定します。この「,」を入力し忘れないよう気を付けましょう。

第2引数「フィルター」には、先ほど考えた条件の数式「'売上'[単価]>=1500」を入力することになります。列「単価」である「'売上'[単価]」の部分は、前節までに学んだ補助機能をフルに活用しつつ入力してください。それ以降の「>=1500」の部分は手入力になります。誤って全角で入力しないよう注意してください。

第2引数「フィルター」を入力し終えたら、CALCULATE関数のカッコを閉じる「)」も忘れずに半角で入力してください。こちらも手入力になります。

これで目的のDAX式をすべて入力し終わりました。[DAX式を確認]をクリックし、間違いがないかチェックしてください（画面5）。

▼**画面5** DAX式を入力し終えたら、[DAX式を確認]チェック

うん、DAX式にエラーは
ないね

DAX式を入力できたら、「数式」欄は完了です。その下の「カテゴリ」欄で[数値]を選び、[桁区切り(,)を使う]をオンにしたら、[OK]をクリックしてください（画面6）。

▼**画面6** 「カテゴリ」欄を設定し、[OK]をクリック

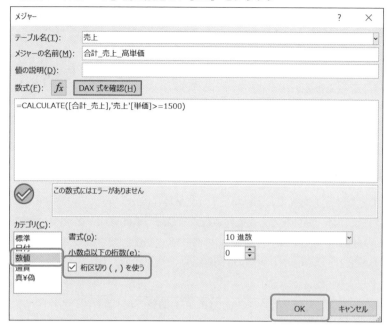

これで全部設定・
入力できたよ

　すると、「メジャー」ダイアログボックスが閉じます。パワーピボットのフィールドセクションを見ると、テーブル「売上」の下の階層に、作成したメジャー「合計_売上_高単価」が追加で表示されたことが確認できます（画面7）。

▼**画面7** メジャー「合計_売上_高単価」が追加された

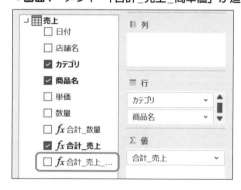

欄の幅をドラッグで広げれば、
メジャー名が全部表示されるよ

　さっそくメジャー「合計_売上_高単価」を使ってみましょう。エリアセクションの「値」にドラッグしてください。今回はすでにあるメジャー「合計_売上」の下に配置するとします。すると、その集計がD列に表示されます（画面8）。

▼**画面8　メジャー「合計_売上_高単価」の集計結果**

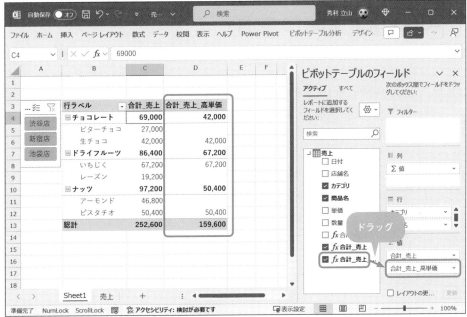

単価が1,500円以上の商品
の売上を集計できたよ

　売上の集計が表示されている商品は「生チョコ」、「いちじく」、「ピスタチオ」の3種類です。これらの単価は本節冒頭の表1で再確認したとおり、「生チョコ」が1,500円、「いちじく」が2,400円)、「ピスタチオ」が1,800円であり、すべて1,500円以上です。

　これら1,500円以上の高単価の商品のみ、「単価×数量」の集計結果がD列に表示されています。C列に配置しているメジャー「合計_売上」の値と比べると、全く同じであり、「単価×数量」が正しく求められたことがわかります。例えば「生チョコ」なら、メジャー「合計_売上」の値はC8セルに「42,000」と表示されています。メジャー「合計_売上_高単価」の値はD8セルに、同じく「42,000」と表示されており、同じであるとわかります。

　一方、残りの「ビターチョコ」、「レーズン」、「アーモンド」はすべて1,500円より小さな単価であり、集計の対象から外れるため、D列の該当セルは空欄になっています。こちらも意図通りです。

　さらには、D4セルとD7セルとD10セルに表示されているカテゴリごとの小計は、単価が1,500円以上の商品だけの値となっています。そして、D13セルの総計も1,500円以上の商品だけの値となっています。

　このようにメジャー「合計_売上_高単価」は意図通り作成できました。DAX式の中のCALCULATE関数、その2つの引数をどのように指定して、どのように動作して画面8の集計結果が得られたのか、本節の図5を振り返りつつ確認し、理解を深めておきましょう。

また、スライサーで店舗を絞り込めば、選択中の店舗の高単価商品の売上がわかります。

これぞCALCULATE関数の真骨頂！

本節の例は冒頭でも述べましたが、「単価が1,500円以上」というごくごく単純な例です。CALCULATE関数の第2引数「フィルター」には、「>=」というDAX演算子しか用いませんでした。この第2引数にはDAX関数も組み合わせて使うなど、より高度な条件を設定できます。今回の例はその点、CALCULATE関数の実力が十分に発揮されるメジャーとは、残念ながら言えません。

CALCULATE関数の実力が十分に発揮されるメジャーの代表が、「タイムインテリジェンス関数」という種類のDAX関数群と組み合わせたものです。タイムインテリジェンス関数とは文字通り、日時の高度な計算を行うDAX関数であり、主にCALCULATE関数の第2引数「フィルター」に指定して使います。すると、売上の前期比などを求めるメジャーがDAX式ひとつで作成できます（図6）。

図6 CALCULATE関数とタイムインテリジェンス関数の組み合わせのイメージ

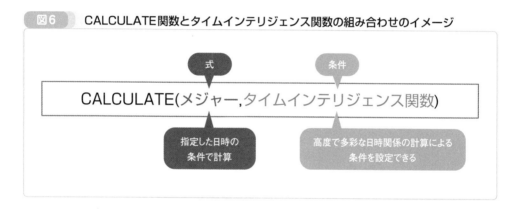

通常のピボットテーブルでも同じことをできないことがないのですが、相当多くの手間を要し、かつ、再利用性に乏しいなど、何かと不便です。

本書では、タイムインテリジェンス関数を使ったメジャーの作り方は解説しません。後日発売予定の本書の実践編にて、詳しく解説します。

前章から本章にかけて、1つの表（単一の表）だけを用いて、パワーピボットの基礎を学びました。そのなかでデータモデルやメジャー、計算列、DAXなどパワーピボットの仕組みの概要と、その基本的な使い方を学びました。これらは通常のピボットテーブルにはない仕組みであり、パワーピボットならではの高度な集計・分析を可能とします。

次章からは、もうひとつの"パワーピボットならでは"である、複数の表を用いた集計・分析の基礎を解説します。

コラム

計算列についてもう少し知ろう

本コラムは計算列について、さらに知っておくと便利なことをいくつか紹介します。

● 計算列の編集

作成済みの計算列の数式を編集したければ、3-1節で数式を新規に入力した際の操作と同じく、Power Pivotウィンドウにて目的の計算列の1行目のセルをクリックして選択し、数式バーで数式を編集したら、最後に [Enter] キーで確定します。

計算列の列名を変更したければ、列名の部分をダブルクリックします。カーソルが点滅して編集可能な状態になるので、変更したら [Enter] キーで確定します。

また、計算列の列名の部分を右クリックすると、列の削除以外に列のコピーなどもできます。

● 計算列の書式

計算列にはワークシートのセルと同じく、書式を設定できます。Power Pivotウィンドウにて、目的の計算列の列名の部分をクリックして選択した状態で、[ホーム] タブの「書式設定」グループにある各コマンドで設定します。

画面1は3-1節で作成した計算列「計」に、[ホーム] タブの「書式設定」グループの [書式] から [整数] を選び、かつ、[桁区切り記号] をクリックして、カンマによる3桁区切りの書式に設定した例です。計算列「計」のすべてのセルがその書式になっています。

▼**画面1　計算列「計」に [整数] と [桁区切り記号] を設定した例**

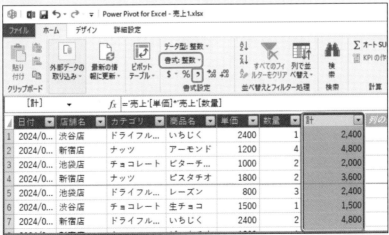

　Power Pivotウィンドウで計算列に設定した書式は、ブックのワークシート上のパワーピボットにも反映されます（画面2）。

▼**画面2　「値」エリアに配置した計算列「計」が3桁区切りで表示される**

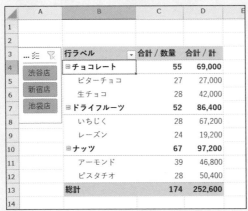

　このように計算列は設定した書式をおぼえておけるので、いちいち設定しなおす手間は不要です。このことはメジャーにもあてはまります。

第 **4** 章

大事な基礎知識！
リレーションシップ
を学ぼう

パワーピボットはここまでに学んだメジャーや計算列とともに、複数の表（テーブル）のデータを集計・分析できることも大きな特徴です。本章ではその大前提となる基礎知識の「リレーションシップ」をしっかりと学びます。理論的な話が続きますが、大事な知識なので、ジックリと学びましょう。

4-1 なんでリレーションシップを学ぶ必要があるの？

複数の表によるパワーピボットに不可欠

　本書はここまでに、1つの表（テーブル）でパワーピボットを学んできました。具体的には、前章までのサンプル「売上1.xlsx」にて、ワークシート「売上」にある売上の表です。この表をテーブル「売上」に変換したのち、データモデルに追加し、パワーピボットを作成しました。そのなかでメジャーや計算列といったパワーピボットらしい集計・分析の基礎を学びました。

　パワーピボットは第1章1-1節で提示したとおり、複数の表で構成されたデータでも、集計・分析できるのが特長でした。通常のピボットテーブルでもできないことはないのですが、多くの手間を要したり、データ件数が増えると動作が重くなってしまったりするのでした。

　本章からは、パワーピボットで複数の表のデータを集計・分析する方法の基礎を学んでいきます。実際にExcel上で手を動かして学ぶのは次章からとします。本章では、「リレーションシップ」という概念・仕組みを先に学びます。

　第1章1-2節で述べたとおり、複数の表によるパワーピボットを学ぶには、前提知識としてリレーションシップの理解が欠かせません。リレーションシップがわかっていないと、複数の表によるパワーピボットの使い方を学んでも、結局何をやっているのか、初心者には大変わかりづらいのでした。そこで本章にて、リレーションシップをしっかりと学びます。

　本章の解説には専門用語がいくつか登場しますが、その用語の名前や1つ1つの意味を正確におぼえることよりも、全体的な仕組みや関係性を把握することに重きを置いて学んでください。暗記は全く不要であり、用語などを目にして意味がわからなければ、その都度本書の該当箇所を読み直すというスタンスで全く問題ありません。

データは複数の表で管理するケースが多い

　それではリレーションシップの解説を始めます。

　先述のとおり、前章までは1つの表にてパワーピボットを学んできました。売上のデータが1つにまとめられた表でした。一方、ビジネスの現場では、データは複数の表に分けるケースの方が圧倒的に多いと言えます（図1）。

図1	1つの表よりも、複数の表によるデータが定番

データは複数の表に分けるケースの方が圧倒的に多い

　なぜ複数の表に分けるのかという理由はザックリ言えば、「その方が主に管理の面で、都合よいから」なのですが、その詳しい解説はこのあと順に行っていきます。

　また、これらのことはパワーピボットおよびExcelだけに限らず、あらゆるアプリケーションやシステムのデータ管理全般に共通します。少々大げさに言えば、データベースの世界では、複数の表が定番なのです。

　さて、ここで思い出して欲しいのですが、第1章1-1節で解説したように、通常のピボットテーブルは大前提として、1つの表のみが対象になるのでした。その1つの表に分析・集計対象のデータの項目がすべて揃っている必要があるのでした。

　パワーピボットも原則、それと同じ大前提です。1つの表のみが対象であり、分析・集計対象のデータの項目がすべて揃っている必要あります。そのため、分析・集計対象のデータが複数の表に分かれて用意された場合、それら複数の表を連携させ、分析・集計を行う際に1つの表にまとめる必要があります。

　そのようにデータを複数の表で管理し、それぞれを連携させて、集計・分析を行うなど必要に応じて1つの表にまとめることを、より効率的に実施する概念・仕組みがリレーションシップです（図2）。

図2　リレーションシップの概念・仕組みのイメージ

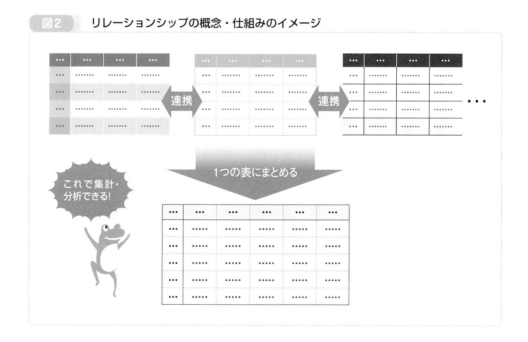

　まずはリレーションシップの全体的なイメージとして図2を把握しましょう。そして、このあとさらに掘り下げて詳しく解説していきます。その流れをここで述べておきます（図3）。

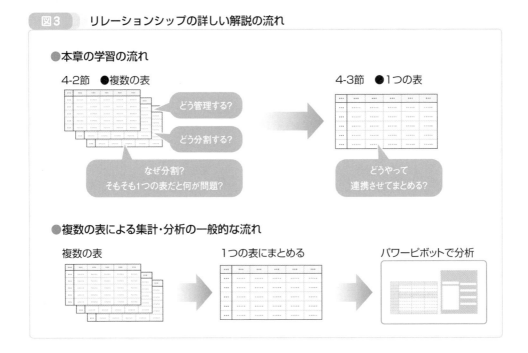

図3 リレーションシップの詳しい解説の流れ

●本章の学習の流れ

4-2節 ●複数の表

どう管理する？

どう分割する？

なぜ分割？
そもそも1つの表だと何が問題？

4-3節 ●1つの表

どうやって
連携させてまとめる？

●複数の表による集計・分析の一般的な流れ

複数の表 → 1つの表にまとめる → パワーピボットで分析

　最初は本節でこのあとすぐ、1つの表によるデータ管理の問題点を解説します。集計・分析時には1つの表にまとめないといけないのに、なぜ普段はわざわざ複数の表にデータを分けて管理するのか、その理由を知っていただきます。

　次に次節（4-2節）にて、データを複数の表で管理する仕組みを学びます。リレーションシップに深く関係する仕組みです。あわせて次節では、本書サンプルを用いて、1つの表を複数の表に分割する流れの実例を示します。そのなかで、具体的にどういう考え方に基づき、どういった方法によって複数の表に分割して管理するのか、1つの表による問題がどう解決されるのかなどを疑似体験していただきます。

　最後に4-3節にて、複数の表に分割して管理しているデータを、集計・分析のために1つの表にまとめる仕組みを学びます。そのための具体的なExcelの機能は次章で学ぶので、ここでは仕組みの概要のみを解説するとします。そして、この4-3節の中で、リレーションシップとは結局何なのかを改めて解説します。

　以上が本章でのリレーションシップの解説の大まかな流れです。Excelを含め、一般的なデータの集計・分析作業の流れは、対象となるデータが複数の表に分かれたかたちで用意され、それを1つにまとめてから、パワーピボットで分析するというケースが大半を占めます。本章でのリレーションシップの解説は図3のとおり、そもそもなぜデータを複数の表に分けているのか、からスタートします。

データを1つの表で管理すると何が問題？

　それでは、リレーションシップのさらに詳しい解説として最初に、1つの表によるデータ管

理の問題点を解説します。

その解説に用いる例は、前章までのサンプルであるブック「売上1.xlsx」のワークシート「売上」にある売上の表とします。この表は第2章2-2節（30ページ）でテーブルに変換しましたが、変換前の表を本章の例に用いるとします。テーブルに変換した状態でも解説には問題ないのですが、変換前の表とします。

この売上の表を画面1に改めて提示します。

▼**画面1　ブック「売上1.xlsx」の売上の表（テーブル変換前）**

	A	B	C	D	E	F
1	日付	店舗名	カテゴリ	商品名	単価	数量
2	2024/3/24	渋谷店	ドライフルーツ	いちじく	2,400	1
3	2024/3/24	新宿店	ナッツ	アーモンド	1,200	4
4	2024/3/24	池袋店	チョコレート	ビターチョコ	1,000	2
5	2024/3/24	新宿店	ナッツ	ピスタチオ	1,800	2
6	2024/3/25	池袋店	ドライフルーツ	レーズン	800	3
7	2024/3/25	渋谷店	チョコレート	生チョコ	1,500	1
8	2024/3/25	新宿店	ドライフルーツ	いちじく	2,400	2
9	2024/3/25	新宿店	ナッツ	ピスタチオ	1,800	1
10	2024/3/25	渋谷店	ドライフルーツ	レーズン	800	1
11	2024/3/25	新宿店	ナッツ	アーモンド	1,200	2
12	2024/3/26	渋谷店	ドライフルーツ	いちじく	2,400	1
13	2024/3/26	池袋店	ドライフルーツ	いちじく	2,400	2
14	2024/3/26	池袋店	ナッツ	ピスタチオ	1,800	5
15	2024/3/26	新宿店	チョコレート	生チョコ	1,500	2
16	2024/3/27	新宿店	チョコレート	ビターチョコ	1,000	3
17	2024/3/27	渋谷店	ナッツ	アーモンド	1,200	2
18	2024/3/27	渋谷店	チョコレート	生チョコ	1,500	1
19	2024/3/27	新宿店	ドライフルーツ	レーズン	800	1

売上 ＋

これまで使ってきた
売上の表だよ

実はこのように1つの表で売上データを管理すると、データの入力およびメンテナンスをしていくうえで、いくつか困ったことが起きます。

1つ目はデータの重複です。この表をよく見ると、同じデータが何度も登場していることがわかるかと思います。具体的には、B列「店舗名」とC列「カテゴリ、D列「商品名」とE列「単価」の4種類のデータです。

これらのデータは、売上ごとに全く同じデータが登録されています。例えば、2行目と8行目では同じ商品「いちじく」が売れています。この2件の売上では、C列「カテゴリ」、D列「商品名」とE列「単価」は、同じデータが入力されています。A列「日付」とB列「店舗名」とF列「数量」には、異なるデータが入力されていますが、それ以外のC〜E列には全く同じデータが入力されています。

よくよく考えると、C列「カテゴリ」、D列「商品名」とE列「単価」は、個々の商品ごとに変わらないデータです。そのような不変のデータなのに、売上ごとに毎回データを入力していては、大いなるムダと言えるでしょう（図4）。

図4　売上ごとに毎回同じデータを重複して入力

	A	B	C	D	E	F
1	日付	店舗名	カテゴリ	商品名	単価	数量
2	2024/3/24	渋谷店	ドライフルーツ	いちじく	2,400	1
3	2024/3/24	新宿店	ナッツ	アーモンド	1,200	4
4	2024/3/24	池袋店	チョコレート	ビターチョコ	1,000	2
5	2024/3/24	新宿店	ナッツ	毎回同じデータ! チオ	1,800	2
6	2024/3/25	池袋店	ドライフルーツ	レーズン	800	3
7	2024/3/25	渋谷店	チョコレート	生チョコ	1,500	1
8	2024/3/25	新宿店	ドライフルーツ	いちじく	2,400	2
9	2024/3/25	新宿店	ナッツ	ピスタチオ	1,800	1
10	2024/3/25	渋谷店	ドライフルーツ	レーズン	800	1

　しかも、同じデータが何行にも重複して入力されるということは、そのぶんデータの量が増えます。売上の件数（表の行数）が少ない間はよいのですが、増えれば増えるほど、コンピューターへの負担が増して動作が重くなるなど、パワーピボットでの集計・分析作業におよぼす悪影響が強まります。

　その上、このような形式の表では、メンテナンス性も悪くなります。困ったことの2つ目です。例えば、ある商品のカテゴリに変更があった場合、表内のすべてのC列「カテゴリ」にて、該当する商品のカテゴリのデータを変更しなければならないため、多くの手間がかかってしまいます。この問題については、D列「商品名」やE列「単価」でも同様に発生します。

　加えて、B列「店舗名」についても、全く同じ問題が見受けられます。店舗名のデータは「渋谷店」と「新宿店」と「池袋店」の3種類だけなのに、同じデータが何行にも重複して入力されています。メンテナンス性についても同様の問題を抱えています。

　1つの表によるデータ管理の問題点は以上です。厳密には少し異なる部分もありますが、以上のように把握しておけばOKです。次節では、これらの問題を解決するため、どのようにして複数の表に分割するのか、その考え方と方法を解説します。

4-2 1つの表を複数の表に分割する考え方と方法

切り出して、重複を排除し、並べなおす

　前節では、サンプル「売上1.xlsx」のワークシート「売上」にある売上の表（テーブル変換前）を例に、1つの表によるデータ管理の問題点を解説しました。本節では、その解決方法として、複数の表に分割する考え方と方法を解説します。解説に用いる例は、前節と同じく売上の表とします。

　1つの表によるデータ管理の問題を解決するには、1つの表を複数の表に分割します。どのように分割するかというと、毎回必ず同じデータを重複して入力することになる列を、別の表として切り出すのです。根本となる考え方はこれだけです（図1）。

図1　毎回同じデータを入力する列を別の表に切り出す

　サンプルの売上の表にて、売上ごとに重複したデータを毎回入力している列は、前節で挙げたとおり、B列「店舗名」とC列「カテゴリ」、D列「商品名」とE列「単価」の4種類です。これらのデータは店舗関連のB列「店舗名」、商品関連のC列「カテゴリ」、D列「商品名」とE列「単価」という2つのグループに大別できます。まずは商品関連のC列「カテゴリ」、D

列「商品名」とE列「単価」のみを別の表に切り出して分割するとします。

では、売上の表から商品関連のデータを分割してみましょう。その方法は図2です。同図の【1】～【3】の3つのステップから成ります。

最初に、C列「カテゴリ」、D列「商品名」とE列「単価」という商品関連の3種類の列を別の表として切り出します（図2の【1】）。単純に列ごと切り出します。

次に、切り出した表から、重複している行を取り除きます（図2の【2】）。言い換えると、同じ商品が入力されている行をすべて削除するのです。

そして、適宜並べ変えます。一般的には例えば商品名の昇順などで並べ替えますが、今回は第2章2-1節（22ページ）の商品の一覧表と同じ順に並べるとします（図2の【3】）。

図2 　商品関連の3列のデータを別の表に分割する3つのステップ

【1】～【3】の結果として、切り出した表は表1になります。これで、元の売上の表で商品関連のデータであるC列「カテゴリ」、D列「商品名」とE列「単価」を別の表に分割できました。

なお、この分割結果には留意点がひとつあります。本節の最後に解説します。

▼**表1　商品関連のデータを別の表に分割した結果**

カテゴリ	商品名	単価
ドライフルーツ	レーズン	800
ドライフルーツ	いちじく	2,400
ナッツ	アーモンド	1,200
ナッツ	ピスタチオ	1,800
チョコレート	ビターチョコ	1,000
チョコレート	生チョコ	1,500

元の売上の表はどうなる？

先ほどサンプル「売上1.xlsx」の売上の表から、商品関連のデータを別の表に分割しました。元の売上の表からC～E列を切り出したことになります。すると、元の売上の表はどうなるでしょうか？

元の売上の表に残る列はA列「日付」とB列「店舗名」、F列「数量」の3つです（表2）。なお、F列「数量」はもしExcel上で実際にC～E列を削除すると、F列からC列に変わりますが、解説の都合上、F列のままと表記します。

▼**表2　分割後の売上の表**

日付	店舗名	数量
2024/3/24	渋谷店	1
2024/3/24	新宿店	4
2024/3/24	池袋店	2
2024/3/24	新宿店	2
：	：	：
：	：	：

売上の表はA列「日付」とB列「店舗名」、F列「数量」の3列だけになりました。これで確かに、元の表ではC列「カテゴリ」、D列「商品名」とE列「単価」に、重複してデータが入力されていた状態は解消されました。

しかし、この3列だけだと、商品に関するデータが一切ありません。そのため、どの商品が売れたのかわかりません。これでは本来の目的である売上の集計・分析が行えず、本末転倒でしょう。

そこで、ここからがツボなのですが、売上の表に対して、どの商品が売れたのかわかるよう、商品を特定できる情報を入れる列を設けます。新しい列を追加するか、既存の列を利用するか、いずれかの方法で設けます。

　そして、この商品を特定できる情報の列は、売上の表だけでなく、切り出した商品の表の両方に設けます。言い換えると、2つの表に共通の列を設けるのです。商品を特定できる情報が売上の表にも商品の表にも存在すると、両者を照らし合わせることで、どの商品が売れたのかがわかるようになります。別の言い方をすれば、共通の列によって、2つの表を連携させるのです。

　この仕組みは解説の文章を読むだけではわかりづらいので、まずは図3でイメージをつかんでください。このあとより具体的に解説していきます。

図3 共通の列を設けて、売れた商品を特定可能にする

分割後の商品の表

カテゴリ	商品名	単価	共通の列	追加
ドライフルーツ	レーズン	800		
ドライフルーツ	いちじく	2,400		
ナッツ	アーモンド	1,200		
ナッツ	ピスタチオ	1,800		
チョコレート	ビターチョコ	1,000		
チョコレート	生チョコ	1,500		

特定 ↑

分割後の売上の表

日付	店舗名	数量	共通の列	追加
2024/3/24	渋谷店	1		
2024/3/24	新宿店	4		
2024/3/24	池袋店	2		
2024/3/24	新宿店	2		
⋮	⋮	⋮		

　さて、「商品を特定できる情報」とは、一体どのような情報でしょうか？　本書サンプルのデータなら、商品名で特定可能です。つまり、既存の列「商品名」を使えば、特定できるでしょう。

　確かにそのとおりなのですが、一般的には、既存の列を利用するのではなく、新たに列を追加するのがセオリーです。その理由は重複を完全になくして、必ず特定できるようにするためです。一体どういうことでしょうか？

　商品名で特定する際、もし、異なる商品なのに、全く同じ商品名が付けられていたら、特定できません。現実的に商品名なら同じ名前を付けることはありえませんし、本書サンプルの商品名もすべて異なっています。

しかし、他のケースとして例えば、ある会社で社員名簿の表があると仮定します。列には氏名をはじめ、所属部署や電話番号などのデータが入力されているとします。そして、別の表として、研修の参加者の一覧を作ることになったとします。どの社員が研修に参加するのかを特定するために氏名を使おうとすると、もし、同姓同名の社員がいた場合、特定できなくなります（図4）。

図4　同姓同名の社員がいると特定できない

社員名簿の表

氏名	所属部署	電話番号
立山秀利	営業1課	○○○
駒場秀樹	営業2課	×××
立山秀利	研究開発	△△△
鈴木吉彦	経理	□□□
今野輝子	営業1課	●●●

同姓同名だと特定できない！

このように特定するためには、全く同じデータが他に存在していてはいけません。言い換えると、決して重複することがないユニーク（一意）なデータである必要があります。しかし、氏名などデータの種類によっては、同じデータが存在する可能性があります。

そのような事態を確実に避けるため、特定するための情報を入れる列を別途設けるのがセオリーなのです。社員なら例えば、社員番号や社員IDのようなデータです。商品なら商品番号や商品IDのようなデータです。

これらのような番号やIDは、命名方式さえ最初にきちんと決めておけば、全く同じデータが他に存在しないユニークなデータにできます。それらを用いれば、社員や商品を確実に特定できるのです。

本書サンプルの場合、商品を特定できるユニークなデータを格納する列は存在しないので、新たに追加します。共通の列として、売上の表にも分割した商品の表にも追加します。これで、2つの表に分割したあとも、どの商品が売れたのかが特定できるようになります（図5）。

図5では例えば、売上の表の先頭のデータでは、共通の列に「データ2」が入力されています。この列は売れた商品を特定する情報になります。商品の表を見ると、共通の列の値が「データ2」なのは「いちじく」であり、それが売れた商品であると特定できます。さらに同じ行を見れば、商品名とともに、カテゴリは「ドライフルーツ」、単価は「2,400」とわかります。

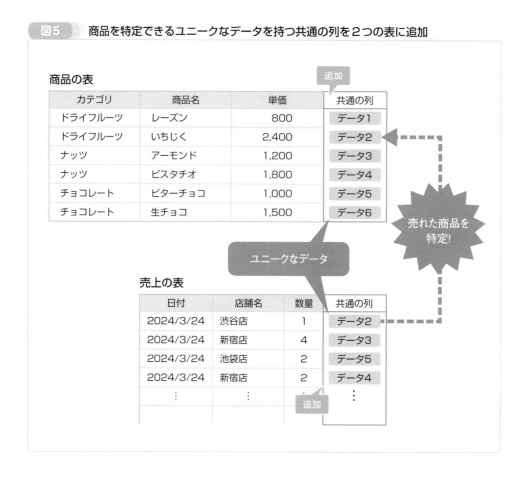

図5　商品を特定できるユニークなデータを持つ共通の列を2つの表に追加

商品を特定できる列の追加の例

　ここまでの解説は理論的かつ抽象的なものだけなので、まだピンと来ない読者の方は多いかと思います。そこで理解を深めるために、本章サンプル「売上1.xlsx」の売上の表にて、商品を特定できる列を追加する具体例をお見せします。Excelの画面ではなく、本書紙面上にてデータのみを表の形式でお見せします。

　商品を特定できるユニークなデータを入れる列の名前は、ここでは「商品ID」とします。他の列名と重複しなければ、どのような名前でもよいのですが、今回は「商品ID」とします。

　この列「商品ID」は、商品の表の先頭に追加するとします。2列目以降でもよいのですが、先頭の方が見やすいなどの理由から、先頭列に設けるのがセオリーです。

　各商品に付与する商品IDのデータは、ここでは表3のとおりとします。あくまでも、筆者が考えた商品IDです。商品の特定が可能となるユニークなデータなら何でも構いませんが、今回は表3とします。

▼**表3　列「商品ID」を追加した商品の表**

商品ID	カテゴリ	商品名	単価
NT001	ナッツ	アーモンド	1,200
NT002	ナッツ	ピスタチオ	1,800
DF001	ドライフルーツ	レーズン	800
DF002	ドライフルーツ	いちじく	2,400
CH001	チョコレート	ビターチョコ	1,000
CH002	チョコレート	生チョコ	1,500

　なお、表3の商品IDの命名ルール（命名基準）は筆者が独自に決めた一例であり、「アルファベット2文字＋3桁の数字」としています。最初のアルファベット2文字はカテゴリを表すとします。あくまでも例であり、商品が特定できるユニークな商品IDが命名できるなら、別の命名ルールでも構いません。

　この列「商品ID」は共通の列として、売上の表にも追加する必要があります。表2の分割後の売上の表には、商品関係の3列を切り出した結果、どの商品が売れたのかの情報がありません。そこで、列「商品ID」を追加し、どの商品が売れたのかをわかるようにします。

　列「商品ID」は売上の表の列「店舗名」と列「数量」の間に追加するとします。どの場所でもよいのですが、切り出す前にC～E列があった場所ということもあり、今回はこの位置とします。

　売上の表に追加した列「商品ID」には、売れた商品に該当する商品IDをデータとして入力します。例えば、「アーモンド」が売れたのなら、その商品IDは表3の商品の表から「NT001」が該当するとわかるので、この商品IDを入力します。

　図2などを参考に、分割前の売上の表から売れた商品を調べ、該当する商品IDを売上の表の列「商品ID」に入力していきます。例えば、分割前の売上の表で「いちじく」が売れた行なら、その行の列「商品ID」には、「いちじく」の商品IDである「DF002」を入力することになります。

　そのように列「商品ID」を入力すると、売上の表は表4のようになります。誌面の都合で、先頭6件のデータしか載せていませんが、末尾のデータまで入力します。

▼**表4　列「商品ID」を追加した売上の表**

日付	店舗名	商品ID	数量
2024/3/24	渋谷店	DF002	1
2024/3/24	新宿店	NT001	4
2024/3/24	池袋店	CH001	2
2024/3/24	新宿店	NT002	2
2024/3/25	池袋店	DF001	3
2024/3/25	渋谷店	CH002	1
⋮	⋮	⋮	⋮
⋮	⋮	⋮	⋮

　これで売上の表に列「商品ID」が追加され、売れた商品がわかるようになりました。例えば表4の1件目の売上は、列「商品ID」が「DF002」です。この商品IDを表3の商品の表と照らし合わせると、商品名は「いちじく」であることがわかります（図6）。

図6 列「商品ID」によって、売れた商品を特定

　同時にカテゴリは「ドライフルーツ」、単価は「2,400」であることもわかります。他の商品も同様に、列「商品ID」によって商品名とカテゴリと単価を特定できます。このように共通の列「商品ID」によって、売上の表と商品の表を連携させるのです。

店舗名も別の表に分割する

　これで商品関連の3つの列「カテゴリ」と列「商品名」と列「単価」を別の表に分割し、連携できました。次は店舗関連のデータである列「店舗名」も売上の表から分割しましょう。

　この分割も図2の【1】～【3】のステップに従って進めます。最初に売上の表から、【1】列「店舗名」を単純に列ごと切り出します。次に【2】重複している行を取り除き、【3】並べ替えます。今回は第2章2-1節（22ページ）の店舗名の一覧表と同じ順に並べるとします。すると、切り出した店舗の表は表5のようになります。

▼表5　列「店舗名」を別表に切り出す

店舗名
渋谷店
新宿店
池袋店

　この店舗の表も商品と同じく、どの店舗なのか特定できる情報の列を追加します。今回は列名を「店舗ID」として、先頭に追加するとします。

　3つの店舗の列「店舗ID」のデータは今回、以下の表6のとおりとします。この店舗IDのデータの命名ルールも筆者が独自に決めた一例です。ユニークであり、特定可能なら、何でも構いません。

▼表6　列「店舗ID」を追加

店舗ID	店舗名
SP001	渋谷店
SP002	新宿店
SP003	池袋店

　これで店舗の表が完成しました。次は売上の表です。列「店舗名」は切り出したので、なくなっています。その場所に列「店舗ID」を追加してやりましょう。店舗の表と共通の列になり、どの店舗で売れたのか、この列「店舗ID」のデータから特定できます。

　そして、行ごとに、売れた店舗に該当する店舗IDのデータを入れていきます。例えば渋谷店なら、「SP001」を入力します。すると、表7のようになります。誌面の都合で、先頭6件のデータしか載せていませんが、末尾のデータまで入力します。

▼表7　売上の表に列「店舗ID」を追加

日付	店舗ID	商品ID	数量
2024/3/24	SP001	DF002	1
2024/3/24	SP002	NT001	4
2024/3/24	SP003	CH001	2
2024/3/24	SP002	NT002	2
2024/3/25	SP003	DF001	3
2024/3/25	SP001	CH002	1
:	:	:	:
:	:	:	:

　これで店舗関連の列「店舗名」を別の表に分割できました。売上の表と店舗の表を共通の列「店舗ID」で連携させることになります。

　この店舗の表には、情報としては列「店舗名」の1つしかないので、分割したメリットをあまり感じられないかもしれません。例えば住所や電話番号など、店舗名以外の情報の列もいくつか増えれば、分割したメリットが大きくなるでしょう。

　本書サンプルの売上の表の分割は以上です。元々1つの表であった売上の表から、商品関連の列を切り出し、商品の表に分割しました。そして共通の列として列「商品ID」をそれぞれ設けて連携させ、どの商品が売れたのか特定可能としました。

　加えて、店舗関連の列も切り出して、店舗の表に分割しました。売上の表と共通の列として、列「店舗ID」をそれぞれ設けて連携させ、どの店舗で売れたのか特定可能としました。

　分割は以上です。元は1つの売上の表だけだったのが、売上の表と商品の表、店舗の表の計3つになりました。共通の列によって連携させ、売れた商品および売れた店舗を特定可能としました。本節で行った表の分割をまとめると図7になります。本節で学んだ内容も含めてまとめておいたので、おさらいしておきましょう。

図7 元の売上の表を3つの表に分割し、共通の列を設けて連携させる

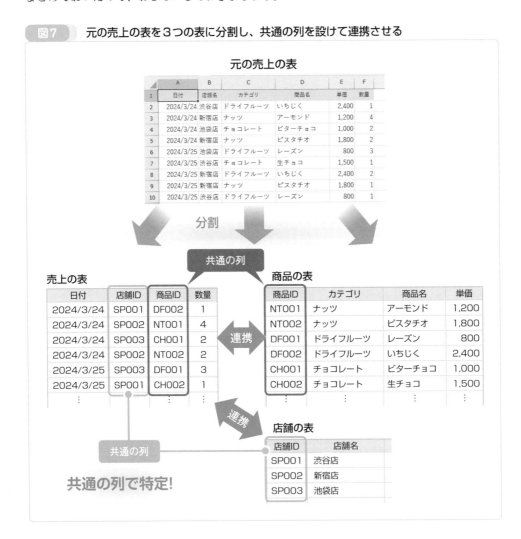

　これで、売上のデータを1つの表で管理していた場合に比べて、ムダがなくなりました。売上の表に対しては、売上が発生した際、データを入力すればよい列は、「日付」と「店舗ID」と「商品ID」と「数量」の4つだけで済むようになりました。分割前の表に比べて、入力しなければならない列が2つ減ったので、データ入力作業が効率化されます。

　さらには、重複してデータが入力されなくなったため、動作が重くなる事態がより避けられるようになりました。厳密に言えば、列「商品ID」と列「店舗ID」には、重複するデータが入力される結果となりますが、元の1つの表における商品関連のデータ（列「カテゴリ」と列「商品名」と列「単価」）のように、何列ものデータが重複して入力されなくなりました。

　また、例えばカテゴリの変更があった場合でも、商品の表のデータだけを更新すればよくなるなど、メンテナンス性もアップしました。

　このようにデータを1つの表ではなく、複数の表に分割して管理することで、さまざまなメリットが得られるのです。それゆえ、前節冒頭で述べたように、一般的にビジネスの現場では、データを複数の表に分けて管理するケースの方が圧倒的に多いのです。

4

　本節の最後に、あとまわしにしていた表1の商品の表の分割結果における留意点について簡単に解説します。この商品の表をよく見ると、列「カテゴリ」にはデータが重複して入力されています。同じカテゴリの商品が2つずつあり、それらの行では同じカテゴリのデータが入力されているとわかります。

　本来はこの列「カテゴリ」も別表に分割すべきです。切り出したのち、共通の列として列「カテゴリID」などを追加で設けて、どのカテゴリの商品なのか特定可能とすべきです。今回は解説をよりシンプルにするため、あえて列「カテゴリ」の分割は行いませんでした。

　読者のみなさんは「カテゴリは本来、別の表に分割すべきだけど、今回は分割しない」ということを踏まえ、次節以降の解説を読み進めていってください。そして、今後仕事で表の分割を自分で行う際は、データが重複して入力されている列は、漏らすことなく別の表に分割するよう心がけましょう。

4-3 複数の表に分けたデータを集計・分析時に1つの表にまとめる

リレーションシップの正体

前節までに、本書サンプル「売上1.xlsx」を例に、1つの表によるデータ管理の問題点を学びました。その問題を解決するため、複数の表に分割する考え方と方法を学びました。そして、複数の表に分けて管理したデータは、パワーピボットなどで集計・分析する際、1つの表にまとめる必要があるのでした。

実例として、「売上1.xlsx」の売上の表を商品の表と店舗の表に分割しました。そのなかで商品については、ユニークなデータを持つ列「商品ID」を共通の列として、商品の表と売上の表の両方に設けました。そして、両者を照らし合わせることで、売上の表にて売れた商品のカテゴリや商品名や単価を特定できるようにしました。いわば、共通の列「商品ID」によって紐づけることで、売上の表と商品の表を連携させたことになります。

店舗についても、共通の列として列「店舗ID」を設け、売れた店舗の店舗名を特定できるようにしました。共通の列「店舗ID」によって紐づけることで、売上の表と店舗の表を連携させたのです。

さて、そもそも1つの表による問題点、複数の表に分割する考え方と方法を学んだのは、4-1節で述べたように、リレーションシップのさらに詳しい解説のためでした。

リレーションシップの正体は、実は前節の中で登場しています。繰り返しになりますが、売上の表と商品の表に共通の列「商品ID」を設け、売れた商品を特定可能することで、これら2つの表を連携させました。売上の表と店舗の表にも共通の列「店舗ID」を設け、売れた店舗を特定可能することで、これら2つの表を連携させました。

見方を少し変えると、売上の表と商品の表は共通の列「商品ID」によって紐づけて連携させることで、商品の表から該当するカテゴリや商品名や単価を取得可能としました。売上の表は自分には存在しない列であるカテゴリや商品名や単価のデータを、共通の列「商品ID」によって取得できるのです。店舗についても同様です。売上の表と店舗の表を共通の列「店舗ID」で紐づけて連携させています。

リレーションシップの正体はまさにこの概念・仕組みです。「複数の表同士を連携させてデータを管理する概念・仕組み」です。ここまで学んだように、共通の列によって紐づけて、表同士を連携させることをリレーションシップと呼ぶのです（図1）。

図1 リレーションシップの全体像

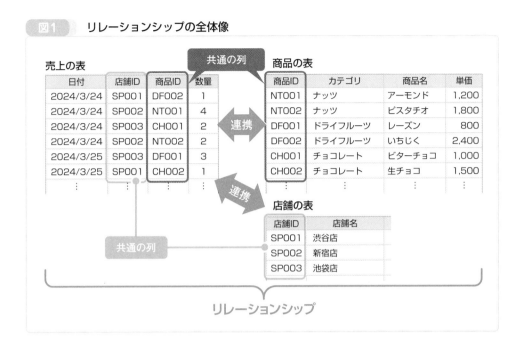

なお、リレーションシップは厳密には、どちらか言えば「1つの表にまとめる」というよりも、「あたかも1つの表として扱えるようにする」というイメージなのですが、初心者は「1つの表にまとめる」という認識で問題ありません。

Excelでのパワーピボットによる集計・分析では、データが複数の表に分散して用意されている場合、1つの表にまとめる必要があります。その際にリレーションシップを使います。

パワーピボットにはデータモデルの中で、リレーションシップを設定し、複数のテーブル同士を連携させる機能が用意されています。その機能によって、複数のテーブルをあたかも1つのテーブルとして扱えるようになり、パワーピボットで集計・分析できるようになります。その使い方は次章で学びます。

ちなみに、複数の表（テーブル）を1つの表にまとめるだけなら、パワーピボットでなくとも、他の方法でも可能です。第1章1-1節で少し触れましたが、XLOOKUP関数もしくはVLOOKUP関数を使う方法です。商品なら、列「商品ID」で商品の表から検索し、カテゴリや商品名や単価を抽出します。この方法によって、売上の表と商品の表という2つ表を1つにまとめられます。店舗の表についても同様です。

1-1節で述べたように、XLOOKUP関数やVLOOKUP関数を使う方法は、データ件数が増えると処理が重くなるという問題があるので、パワーピボットのデータモデルを使うのでした。この問題はともかく、共通の列を使い、複数の表（テーブル）を1つの表にまとめるという意味では、XLOOKUP関数やVLOOKUP関数でもリレーションシップでも本質的には同じです。

そのようなXLOOKUP関数やVLOOKUP関数の使い方を経験したことがある読者の方は少

なくないでしょう。実は知らず知らずのうちに、広義のリレーションシップを体験していたのです。

そして、1つの表にまとめるという意味で本質的に同じですが、パワーピボットのリレーションシップはXLOOKUP関数やVLOOKUP関数に比べて、処理が重くならないなどの大きなメリットが得られるのです。

「マスタ」と「トランザクション」の表

リレーションシップの詳しい解説は以上です。ここからはリレーションシップに関連した考え方・仕組みを2つ解説します。さらに専門用語が登場しますが、それらの用語の名称や細かい定義はともかく、考え方・仕組みの全体像を何となくでよいので把握しておきましょう。

1つ目は、表（テーブル）は役割という意味で、2つの種類があることです。呼び方は何通りかあるのですが、一般的には「マスタ」と「トランザクション」という呼び方が多いと言えます。Excelに限らず、データベースに代表されるシステム全般でよく使われる呼び方です。

マスタの表の役割は基本的に、複数の表で構成されるデータにおいて、「基礎となるデータを格納する」です。本書サンプルの例なら、商品の表や店舗の表です。何かしらの商品が売れると、売上の表にデータが入力されますが、それらの基礎となるデータは商品名など、商品の表のものです。別々の表に分割しており、列「商品ID」で連携させるものの、結果的には商品の表のデータを入力していることになります。店舗の表も同様です。

一方、トランザクションの表の役割は基本的に、「履歴のデータを格納する」です。「履歴のデータ」とは、本書サンプルの例なら、売上のデータです。いつ、どの店舗で、どの商品がいくつ売れたのか、売上の履歴のデータです。その売上の履歴のデータを格納する売上の表がトランザクションの表に該当します。いつどの店舗でどの商品が何個売れたのか、そのデータをトランザクションの表である売上の表に格納します（図2）。

図2　マスタの表とトランザクションの表の例

トランザクション

売上の表

日付	店舗ID	商品ID	数量
2024/3/24	SP001	DF002	1
2024/3/24	SP002	NT001	4
2024/3/24	SP003	CH001	2
2024/3/24	SP002	NT002	2
2024/3/25	SP003	DF001	3
2024/3/25	SP001	CH002	1
⋮	⋮	⋮	⋮

マスタ

商品の表

商品ID	カテゴリ	商品名	単価
NT001	ナッツ	アーモンド	1,200
NT002	ナッツ	ピスタチオ	1,800
DF001	ドライフルーツ	レーズン	800
DF002	ドライフルーツ	いちじく	2,400
CH001	チョコレート	ビターチョコ	1,000
CH002	チョコレート	生チョコ	1,500
⋮	⋮	⋮	⋮

マスタ

店舗の表

店舗ID	店舗名
SP001	渋谷店
SP002	新宿店
SP003	池袋店

履歴のデータ
売上ごとに増えていく

詳しいデータは
マスタから取得

基礎となるデータ
売上ごとには増えない

　トランザクションの表である売上の表では、どの店舗で売れたのかのデータは列「店舗ID」、どの商品なのかのデータは列「商品ID」という1列だけのデータを格納します。これらは共通の列に該当します。商品名などの詳しい情報を知りたければ、商品の表などマスタの表からデータを引っ張ってくる、という構造になっています。

　そして、売上が発生する度に、トランザクションの表である売上の表のデータの件数がどんどん増えていきます。一方、マスタの表である商品の表と店舗の表は、売上が発生する度にデータの件数が増えることはありません。新たに商品や店舗が追加された際にのみ増えます。

　また、見方を変えると、マスタの表とトランザクションの表の関係は「参照される側と参照する側」です。本書サンプルの例なら、トランザクションの表である売上の表に入力された列「商品ID」のデータを、マスタの表である商品の表の列「商品ID」の中で探し、商品名などを取得します。

　これは売上の表（トランザクション）から商品の表（マスタ）を参照していると見なせます。したがって、マスタである商品の表が「参照される側」、トランザクションである売上の表が「参照する側」になります。店舗の場合も同様に、売上の表（トランザクション）から店舗の表（マスタ）を参照しています。店舗の表が「参照される側」、売上の表が「参照する側」になります。

　Excelではパワーピボットをはじめ、各種機能を使ううえで、表（テーブル）がマスタかトランザクションかを明確に区別して扱うための操作は求められません。しかし、ユーザー側ではマスタかトランザクションかを意識して、表（テーブル）を用意する必要が多少あります。その具体例は次章で解説します。

「1対多の関係」も知っておこう

　リレーションシップに関連した考え方・仕組みの2つ目は、「1対多の関係」です。

　マスタの表には原則、同じデータは存在しません。例えば、商品の表に同じ商品のデータがあると整合性が取れないうえ、ムダでもあります。一方、トランザクションの表には、同じデータは存在します。例えば、同じ商品が別の日に別の店舗で売れることはよくあります。その際、同じ商品のデータ（商品ID）が売上の表に入力されます。

　このようにマスタの表ではデータは1つしか存在しないのに対し、トランザクションの表ではそのデータが多数存在します。このようにマスタの表とトランザクションの表は、「1対多の関係」になっているのです（図3）。

図3 マスタの表とトランザクションの表は１対多の関係

トランザクション　　　共通の列で連携　　マスタ

売上の表　　　　　　　　　　　　　　　　　　　　　　　　　商品の表

日付	店舗ID	商品ID	数量
2024/3/24	SP001	DF002	1
2024/3/24	SP002	NT001	4
2024/3/24	SP003	CH001	2
2024/3/24	SP002	NT002	2
2024/3/25	SP003	DF001	3
2024/3/25	SP001	CH002	1
⋮	⋮	⋮	⋮

参照

商品ID	カテゴリ	商品名	単価
NT001	ナッツ	アーモンド	1,200
NT002	ナッツ	ピスタチオ	1,800
DF001	ドライフルーツ	レーズン	800
DF002	ドライフルーツ	いちじく	2,400
CH001	チョコレート	ビターチョコ	1,000
CH002	チョコレート	生チョコ	1,500
⋮	⋮	⋮	⋮

同じデータは複数存在　　外部キー　多　　主キー　1　　同じデータは１つだけ

　さらに詳しく解説すると、本書サンプルの例にて、商品の表の列「商品ID」と売上の列「商品ID」に着目してください。2つの表で共通の列であり、この列のデータによって紐づけることで、2つの表を連携させるのでした。

　商品の表の列「商品ID」は同じデータは存在せず、どの商品なのか特定できます。このように表に格納されている複数のデータの中から、1つのデータを特定するために用いる列のことを、専門用語で「主キー」と呼びます。主キーの列にはユニークなデータが入力されます。

　一方、売上の表の列「商品ID」のような列は「外部キー」と呼びます。商品の表を参照し、売れた商品を特定します。マスタの表の中から目的のデータを特定するために使う役割です。外部キーが参照する側、主キーが参照される側です。基本的に主キーがマスタの表、外部キーがトランザクションの表で使われます。また、主キーと外部キーは1対多の関係にあります。

　Excelでは主キーと外部キーを明確に区別して扱うための操作は求められません。パワーピボットも主キーと外部キー、および1対多の関係を特に意識しなくても使えますので、極端な話、この場で忘れてしまってもよいぐらいです。しかし、データ管理の基本的な仕組みのひとつとして、頭の片隅に置いておくとよいでしょう。

共通の列は自分で設けなければならない

　さて、本節の最後に、共通の列について、大切なことをもうひとつだけ解説します。それは「共通の列は自分で設けなければならない」ということです。

　本章にて、1つの売上の表から商品関連の列を、商品の表として別途切り出した時点では、列「商品ID」はありませんでした。そのあとで追加し、さらに共通の列として、売上の表にも追加したのでした。列「店舗ID」も同様です。これらの列の追加は自分で行ったことです。

　このように表同士を紐づけて連携させるための共通の列の追加は、ユーザーが自分で行わなければなりません。どのような名前の列にして、どのようなデータを格納するのか、自分

で考えて決めたのち、それぞれの表に自分で追加して設ける必要があります（図4）。決して
Excelが自動で追加してくれるわけではないので、思い違いしないよう気を付けてください。

図4 共通の列はユーザーが自分で考えて設ける

　共通の列を自分で設ける際は、先ほどの繰り返しになりますが、どのような列名にするのか、
どのようなデータを格納するのか、自分で考えて決めなければなりません。そのルールも自
分で決める必要があります。

　自分で決める際、会社などで既に商品コードなどのID系データが存在しており、それを使
えるならベストです。そうでなければ、自分でゼロから考えます。列名はわかりやすい列名
することが望ましいです。定番は「〜ID」や「〜番号」、「〜コード」などの形式です。

　格納するデータは「全く同じデータが他に存在しないユニークなデータ」という基本事項
を守りつつ、管理しやすい体系にできるのが理想です。「管理しやすい」とは例えば、データ
が増えても容易に対応できるなどです。本書サンプルのように、連番を用いるのが定番です。
ただし、すぐに上限に達してしまわないよう、適切な桁数に決めるなど、注意点もいくつか
あります。

　共通の列の最適なデータ体系を決めることは、初心者には非常に難しいことです。もし、
挑戦することになったら、周囲の前例などを参考にするとよいでしょう。

コラム

集計・分析可能な表の最低限の条件

　パワーピボットで集計・分析を行うためには、その大前提として、対象データの表が1つにまとめられていようが、複数に分割されていようが、集計・分析可能な形式で用意されていることが不可欠です。そのような表は以下の条件を最低限満たしている必要があります（図）。

（1）同じ種類のデータは同じ列に入力
（2）ひとまとまりのデータは同じ行に入力
（3）1つのセルには1つのデータのみ入力
（4）表記は統一する
（5）日付や通貨などは"生"のデータを入力
（6）セルを結合しない

図　集計・分析可能な表に必須の条件

(1)同じ種類のデータは同じ列
(2)1つのセルに1つのデータ
(3)ひとまとまりのデータは同じ行

	A	B	C	D	E	F
1	日付	店舗名	カテゴリ	商品名	単価	数量
2	2024/3/24	渋谷店	ドライフルーツ	いちじく	2,400	1
3	2024/3/24	新宿店	ナッツ	アーモンド	1,200	4
4	2024/3/24	池袋店	チョコレート	ビターチョコ	1,000	2
5	2024/3/24	新宿店	ナッツ	ピスタチオ	1,800	2
6	2024/3/25	池袋店	ドライフルーツ	レーズン	800	3
7	2024/3/25	渋谷店	チョコレート	生チョコ	1,500	1
8	2024/3/25	新宿店	ドライフルーツ	いちじく	2,400	2
9	2024/3/25	新宿店	ナッツ	ピスタチオ	1,800	1
10	2024/3/25	渋谷店	ドライフルーツ	レーズン	800	1
11	2024/3/25	新宿店	ナッツ	アーモンド	1,200	2
12	2024/3/26	渋谷店	ドライフルーツ	いちじく	2,400	4
13	2024/3/26	池袋店	ドライフルーツ	いちじく	2,400	2
14	2024/3/26	池袋店	ナッツ	ピスタチオ	1,800	5
15	2024/3/26	新宿店	チョコレート	生チョコ	1,500	2

(5)"生"のデータを入力
(4)表記を統一
(6)セルを結合しない 等

　補足すると、（1）〜（3）は表としての基本的な骨格です。（1）列はデータの項目、（2）行は1件のデータのまとまりです。そして、これらの列と行は必要なデータが漏れなく揃っており、かつ、重複がないことが求められます。（3）も表の基本であり、1つのセルに複数のデータが入っていると集計・分析できなくなります。

　（4）の「表記」とは例えば、アルファベットの大文字／小文字、アルファベット／数字／記号／カタカナの全角／半角、カタカナの音引き（「ー」のあり／なし）などです。これらがバラバラだと、別のデータと見なされてしまい、正しく集計・分析できません。データ入力前に表記統一のルールを定めておく必要があります。

　（5）は例えば金額のデータなら、セルには数値だけを入力し、セルの「表示形式」機能で「¥」やカンマを付けるようにします。もし、「¥1,000」のような「¥」や「,」も含めた文字列をそのまま入力してしまうと、数値として扱われなくなり、集計・分析できません。

　また、日付についても、必ず「年/月/日」というExcel標準形式（シリアル値）で入力して、表示形式機能によって目的の形式で表示するように設定します。もし、「2024年1月1日（月）」のような文字列をそのまま入力してしまうと原則、日付データとして扱われなくなり、集計・分析できません。

　（6）セルを結合してしまうと、（1）〜（3）の表としての骨格が崩れてしまい、集計・分析できなくなります。

　これらの条件はパワーピボットのみならず、通常のピボットテーブルにもあてはまります。さらにはグラフ化したり各種関数で集計・分析したりする際も同様です。

　そして、Excelに限らず、他のアプリケーションやシステムでデータを使うための普遍的な条件にもなります。CSVファイルなどの形式を介して、データをやりとりすることは多々ありますが、その際に上記条件を満たしていないと使えません。（4）のセルの結合はExcel固有の機能ですが、もし他のアプリケーションやシステムで同じ機能があっても、基本的に使わないようにするのが確実です。

　（5）の表示形式もExcel固有の機能ですが、生データで入力しておけば、他のアプリケーションやシステムでも大抵は使えます（変換処理が必要になるケースもあり）。

　読者のみなさんが今後、Excelなどで表を作る際、本コラムの条件を必ず満たすよう強く意識しましょう。

コラム

集計・分析の元となる1つの表そのものを自分でゼロから作るには

....

　場合によっては、複数の表に分割および共通の列の追加のみならず、パワーピボットなどによる集計・分析の元となる1つの表そのものから、自分でゼロから作らなければならない場面に直面するケースがあるかもしれません。その方法のキホンを初心者向けにザックリ解説します。

　最初に、集計・分析したいデータを漏れなく集めます。そして、まずはすべてのデータを1つに表にまとめます。これが出発点です。集めたデータの項目（種類）ごとに列を設けます。その際、必要な列が抜けていたり、逆に重複したりしないよう注意しましょう。そして、1行が1件のデータとなるかたちで表を作ります。まさに前ページのコラム「分析可能な表の最低限の条件」で解説したセオリーに沿って表を作るのです。これがツボになります。

　この時点で一度試しに、通常のピボットテーブルで十分なので、意図通りの集計・分析ができそうか、事前にいろいろ試してみるのも、ちょっとしたコツです。

　あとは本章4-2節で解説した3つのステップ【1】〜【3】にしたがって、表を適宜分割します。つまり、重複して入力されているデータを別の表として切り出し、重複を排除したのち、適宜並べ替えます。そして、分割した表同士を連携させるために、共通の列を設けます。

　以上が集計・分析の元となる1つの表そのものを自分でゼロから作る方法のキホンです。これは大げさに言えば、「データベースの設計」です。実際は本章の例のように比較的シンプルではなく、例えばマスタだけでなくトランザクションの表も複数になるなど、複雑になってしまうケースが多く、初心者には難しい作業です。この方法は一朝一夕には身に付かないものなので、焦らずに挑戦し続けましょう。

第5章

複数の表で
パワーピボットを
使おう

複数の表のデータを集計・分析できることは、パワーピボット
の大きな特長です。本章では、複数の表によるパワーピボットの
基礎を学びます。前章で学んだリレーションシップを思い出しな
がら学んでいきましょう。

複数の表による集計・分析は
リレーションシップがキモ

複数の表によるパワーピボットを学ぼう

　本書では第3章までに、1つの表だけによるパワーピボットの基礎を学びました。そして、複数の表によるパワーピボットを学ぶにあたり、その大切な前提知識として、リレーションシップについて前章の第4章で学びました。

　本章ではいよいよ、パワーピボットで複数の表のデータを集計・分析する方法の基礎を学びます。集計・分析の対象となるデータが複数の表に分かれているブックを用いて、実際にExcel上で手を動かし、パワーピボットを作成し、クロス集計やスライス、ドリルダウン／アップなどの分析を行います。さらにはメジャーや計算列を作成しての集計・分析も行います。

　それらすべては第3章までに、サンプル「売上1.xlsx」を用いて、売上データの1つの表にて方法を学び、実際に体験しました。本章では同じ集計・分析を、売上データが複数の表に分かれている別のサンプルのブックを用いて、実際に体験しつつ方法を学びます。そのなかでリレーションシップが登場します。それらを通じて、複数の表によるパワーピボットの基礎を身に付けていただきます（図1）。

図1　本章で複数の表によるパワーピボットを学ぶ

▼1つの表のみ（第3章まで）　　　　　▼複数の表（本章）

パワーピボット　→　パワーピボット

表　　　　　　　　　　表1　表2　表3　……

本章のサンプル「売上2.xlsx」の紹介

　最初にここで、本章から新たに用いるサンプルを紹介します。本章サンプルのブックのファイル名は「売上2.xlsx」です。本書ダウンロードファイル（入手方法は5ページ）に含まれています。

　このブック「売上2.xlsx」の中身は、前章で「売上1.xlsx」の売上の表を計3つの表に分割した結果そのものとなっています。前章の分割結果をそのまま本章用にサンプル化しました。

　ここで改めて、それら3つの表を表1〜表3のとおり再度提示しておきます。表1が売上の

表であり、前章の表4に該当します。表2が商品の表であり、前章の表3に該当します。表3が店舗の表であり、前章の表6に該当します。

▼**表1　売上の表。前章4-2節の表4と同じ**

日付	店舗名	商品ID	数量
2024/3/24	渋谷店	DF002	1
2024/3/24	新宿店	NT001	4
2024/3/24	池袋店	CH001	2
2024/3/24	新宿店	NT002	2
2024/3/25	池袋店	DF001	3
2024/3/25	渋谷店	CH002	1
：	：	：	：
：	：	：	：

▼**表2　商品の表。前章4-2節の表3と同じ**

商品ID	カテゴリ	商品名	単価
NT001	ナッツ	アーモンド	1,200
NT002	ナッツ	ピスタチオ	1,800
DF001	ドライフルーツ	レーズン	800
DF002	ドライフルーツ	いちじく	2,400
CH001	チョコレート	ビターチョコ	1,000
CH002	チョコレート	生チョコ	1,500

▼**表3　店舗の表。前章4-2節の表6と同じ**

店舗ID	店舗名
SP001	渋谷店
SP002	新宿店
SP003	池袋店

　それでは、ブック「売上2.xlsx」を開いてみましょう。ご自分のパソコンの任意の場所にファイルをコピーし、ダブルクリックするなどしてExcelで開いてください。

　本章サンプルのブック「売上2.xlsx」の大まかな構成としては、ワークシートが全部で3枚あります。ワークシート名は先頭から「売上」、「商品マスタ」、「店舗マスタ」です。ワークシート「売上」には売上の表、ワークシート「商品マスタ」には商品の表、ワークシート「店舗マスタ」には商品の表があります。2〜3枚目のワークシート名については後述します。

　それぞれのワークシートの表を順に見ていきましょう。まずはワークシート「売上」です（画面1）。

▼**画面1　ブック「売上2.xlsx」のワークシート「売上」**

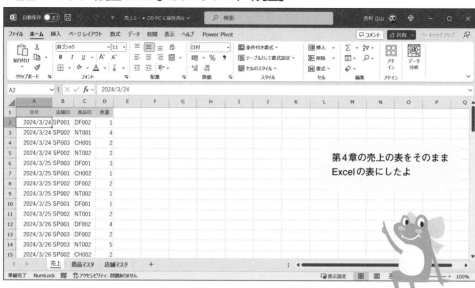

第4章の売上の表をそのまま
Excelの表にしたよ

　1行目の列見出しを見ると、A列が「日付」、B列が「店舗ID」、C列が「商品ID」、D列が「数量」となっています。2行目からはデータが入力されています。列の構成も入力されているデータも、まさに表1のとおりです。

　ワークシート「売上」をスクロールしていくと、データの最終行は84行目です。1行目が見出しなので、計83件のデータが入っています（画面2）。これらの83件データは第3章までのサンプル「売上1.xlsx」のワークシート「売上」の売上の表を、前章のとおり3つの表に分割した結果になります。

▼**画面2　売上のデータは84行目まで入力されている**

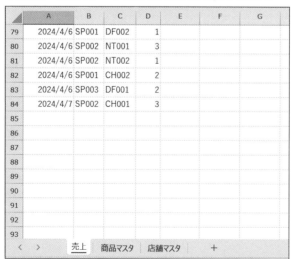

データの件数はこれまで
と同じ83件だね

次は2枚目のワークシート「商品マスタ」を見てみましょう（画面3）。

▼**画面3　ブック「売上2.xlsx」のワークシート「商品マスタ」**

	A	B	C	D	E
1	商品ID	カテゴリ	商品名	単価	
2	NT001	ナッツ	アーモンド	1,200	
3	NT002	ナッツ	ピスタチオ	1,800	
4	DF001	ドライフルーツ	レーズン	800	
5	DF002	ドライフルーツ	いちじく	2,400	
6	CH001	チョコレート	ビターチョコ	1,000	
7	CH002	チョコレート	生チョコ	1,500	
8					
9					
10					
11					
12					
13					
14					
15					

売上　**商品マスタ**　店舗マスタ　＋

第4章の商品の表をそのまま
Excelの表にしたよ

1行目の列見出しはA列が「商品ID」、B列が「カテゴリ」、C列が「商品名」、D列が「単価」です。2行目から7行目まで、計6件のデータが入力されています。列の構成も入力されているデータも、まさに表2のとおりです。

最後は3枚目のワークシート「店舗マスタ」です（画面4）。

▼**画面4　ブック「売上2.xlsx」のワークシート「店舗マスタ」**

	A	B	C	D	E
1	店舗ID	店舗名			
2	SP001	渋谷店			
3	SP002	新宿店			
4	SP003	池袋店			
5					
6					
7					
8					
9					
10					
11					
12					
13					
14					
15					

売上　商品マスタ　**店舗マスタ**

第4章の店舗の表をそのまま
Excelの表にしたよ

1行目の列見出しはA列が「店舗ID」、B列が「店舗名」です。2行目から4行目まで、計3件のデータが入力されています。列の構成も入力されているデータも、まさに表3のとおりです。

以上が本章サンプル「売上2.xlsx」の3枚のワークシートの内容です。

共通の列は「商品ID」と「店舗ID」

そして、表同士を連携させるための共通の列も、前章で追加したものと同じになっています。

ワークシート「売上」の売上の表とワークシート「商品マスタ」の商品の表には、共通の列として列「商品ID」がそれぞれ設けてあります。ワークシート「売上」の売上の表とワークシート「店舗マスタ」の店舗の表には、共通の列として列「店舗ID」がそれぞれ設けてあります。

前章で学んだように、これら共通の列によって紐づけて、表同士を連携させます。つまり、リレーションシップです。集計・分析を行うには原則、1つの表にまとめる必要があるのでした。そのために、これら共通の列によるリレーションシップを用います（図2）。

図2 3つの表の共通の列

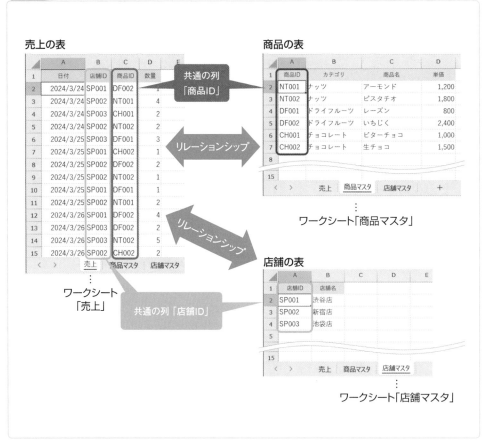

3つの表の役割も前章と同じです。ワークシート「売上」の売上の表がトランザクションの表に該当します。一方、ワークシート「商品マスタ」の商品の表と、ワークシート「店舗マ

スタ」の店舗の表がマスタの表に該当します。

　また、主キーと外部キーの関係も改めて整理します。ワークシート「売上」の売上の表とワークシート「商品マスタ」の商品の表には、共通の列として列「商品ID」があります。トランザクションの表である売上の表の列「商品ID」が外部キー、マスタである商品の表の列「商品ID」が主キーに該当します。

　もうひとつの共通の列である列「店舗ID」については、トランザクションの表である売上の表の列「店舗ID」が外部キー、マスタである店舗の表の列「店舗ID」が主キーに該当します。

　もっとも、以上の主キーと外部キーの関係は、しっかりと理解できていなくても、本章での複数の表によるパワーピボットの学習には支障をきたしませんので、現時点では曖昧な理解で構いません。共通の列であることだけ把握できていればOKです。

　さらにここで、ワークシート名について補足します。上記のように、ワークシート「商品マスタ」とワークシート「店舗マスタ」にはマスタの表があります。ワークシート名は「〜マスタ」と命名したのです。

　誤解してほしくないのが、「〜マスタ」というワークシート名はあくまでも筆者が決めて命名したものということです。決してExcelやパワーピボットの機能やルール上、「〜マスタ」というワークシート名にしなければならないわけではありません。どのような表なのか、よりわかりやすくするために、そう命名しただけです。

　一方、トランザクションの表があるワークシート「売上」のワークシート名は、特に「トランザクション」という語句を付けていません。これも筆者が決めたものです。読者のみなさんが今後、複数の表によるパワーピボットを使う際、ワークシート名は自分がわかりやすくなるよう命名するとよいでしょう（テーブル名なども同様です）。

　ここまでに、本章で用いるサンプル「売上2.xlsx」の3つの表を紹介しました。一般的にビジネスの現場では、集計・分析の対象となるデータは、このように複数の表に分かれているかたちで用意されるケースが多くあります。なお、もっと多いケースが、本章サンプル「売上2.xlsx」のように複数の表が1つのブックに収められているのではなく、異なるブックまたはファイルに分散しているケースです。そのケースは次章で解説します。

　次節から、サンプル「売上2.xlsx」をパワーピボットで集計・分析していきます。その際にいよいよリレーションシップが登場します。

5-2 リレーションシップ 設定の下準備をしよう

まずは3つの表をデータモデルに追加しておく

本節から、本章のサンプル「売上2.xlsx」をパワーピボットで集計・分析していきます。そのためには前節で解説したように、売上の表と商品の表と店舗の表が共通の列で紐づけることで連携できるよう、リレーションシップを設定する必要があります。前章で学んだリレーションシップをこれから体験していきます。

Excelでは、リレーションシップは基本的に、データモデルの中で設定します。本節では、その下準備として、3つの表をデータモデルに追加するところまで行います。次節にて、実際にリレーションシップを設定します。

では、下準備を始めます。最初に「売上2.xlsx」の3つの表をテーブルに変換しておきましょう。その手順はすでに第2章2-2節（30ページ）で学びましたが、おさらいを兼ねて再度提示します。

まずはワークシート「売上」の売上の表からテーブル化しましょう。売上の表の任意のセルを選択し、[挿入] タブの [テーブル] をクリックしてください。「テーブルの作成」画面が表示されるので、「テーブルに変換するデータ範囲を指定してください」のボックスに自動で指定される売上の表のセル範囲に誤りがないか確認してください。[先頭行をテーブルの見出しとして使用する] にチェックが入っていることも確認したら、[OK] をクリックしてください（画面1）。

▼**画面1 [挿入] タブの [テーブル] をクリック**

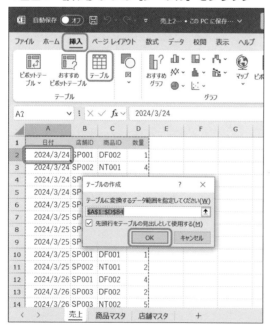

データの範囲と [先頭行を〜] を確認してね

これでテーブルに変換できました。続けて、テーブル名を設定しましょう。テーブル名は今回、「売上」とします。[テーブルデザイン]タブの「テーブル名」欄をクリックし、「売上」に変更したら Enter キーで確認してください（画面2）。

▼**画面2 テーブル名を「売上」に設定する**

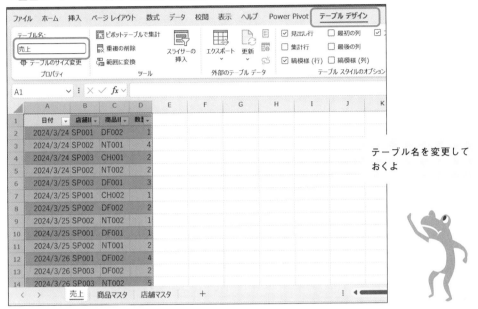

テーブル名を変更しておくよ

同様にワークシート「商品マスタ」の商品の表もテーブルに変換してください。テーブル名は今回、「商品マスタ」とします（画面3）。

▼**画面3 商品の表をテーブル「商品マスタ」に変換**

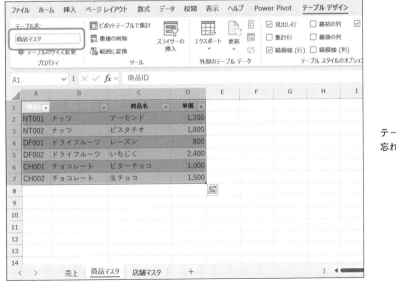

テーブル名の変更を忘れないでね！

ワークシート「店舗マスタ」の商品の表もテーブルに変換してください。テーブル名は今回、「店舗マスタ」とします（画面4）。

▼**画面4　店舗の表をテーブル「店舗マスタ」に変換**

こっちはテーブル名を「店舗マスタ」に変更するよ

これで3つの表をすべてテーブル化できました。なお、これらのテーブル名は筆者が考えたものです。また、今回はテーブル名をワークシート名と全く同じに設定しましたが、異なる名前でも構いません。

3つのテーブルをデータモデルに追加

続けて、3つのテーブルをデータモデルに追加しましょう。すでに学んだとおり、パワーピボットで集計・分析するには、対象のデータをテーブルに変換したのち、データモデルに追加する必要があるのでした。この手順もおさらいを兼ねて再度提示します。

まずはテーブル「売上」から追加します。ワークシート「テーブル」に切り替え、テーブル「売上」の任意のセルをクリックしテーブルを選択した状態にして、［Power Pivot］タブの［データモデルに追加］をクリックしてください（画面5）。

▼**画面5**　[Power Pivot] タブの [データモデルに追加] をクリック

テーブルのデータモデル追加はこうやるんだったね。先にテーブルを選択しておくのを忘れないでね

　すると、Power Pivot ウィンドウ（タイトルバーに「Power Pivot for Excel〜」と表示されたウィンドウ）が立ち上がり、データモデルにテーブル「売上」が追加されます（画面6）。

▼**画面6**　データモデルにテーブル「売上」が追加された

データモデルに追加できたよ。画面下のタブがテーブル名になっているね

　次にテーブル「商品マスタ」もデータモデルに追加します。パワーピボットで複数の表を

集計・分析する際、それらの表を変換した複数のテーブルをすべてデータモデルに追加する必要があります。

では、ブックに切り替え、ワークシート「商品マスタ」のテーブル「商品マスタ」を選択した状態で、［Power Pivot］タブの［データモデルに追加］をクリックしてください（画面7）。

▼**画面7 テーブル「商品マスタ」を選択し、［データモデルに追加］をクリック**

ブックに戻って操作するよ。
同じ手順でデータモデルに
追加してね

すると、Power Pivot ウィンドウに切り替わり、データモデルにテーブル「商品マスタ」が追加されます（画面8）。

▼**画面8 データモデルにテーブル「商品マスタ」が追加された**

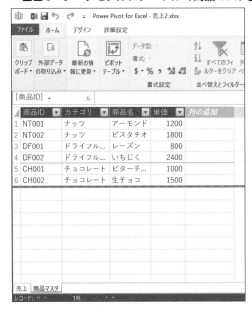

テーブル「商品マスタ」も追加
できたよ。タブが「商品マスタ」
になっているね

ここで注目していただきたいのが、Power Pivotウィンドウの下部にあるタブの部分です。［売上］と［商品マスタ］の2つがあり、画面8では［商品マスタ］のタブがアクティブになっている状態です。

データモデルに追加されたテーブルは画面8のように、Power Pivotウィンドウ上ではタブ単位で表示されます。［売上］タブをクリックすると切り替わり、データモデルに追加したテーブル［売上］が表示されます。このようにデータモデルに追加した複数のテーブルを切り替えつつ操作・管理するのです。

最後にテーブル「店舗マスタ」を同様の手順でデータモデルに追加してください。すると画面9のように、Power Pivotウィンドウに［店舗マスタ］タブが新たに表示され、追加したテーブル「店舗マスタ」を操作・管理できます。

▼**画面9　データモデルにテーブル「店舗マスタ」が追加された**

テーブル「商品マスタ」
も追加できたよ

ここで改めて注目してほしいのが、テーブルを追加すると、Power Pivotウィンドウの画面中央にそのテーブルのデータが表形式で表示されるとともに、画面下部にテーブル名のタブが表示されることです。繰り返しになりますが、データモデルに追加したデータはテーブル単位で管理され、タブで切り替えつつ操作できるようになっています。試しにタブをクリックして、3つのテーブルを切り替えてみるとよいでしょう。

「ダイアグラムビュー」に表示を切り替えよう

3つのテーブルをデータモデルに追加できたら、リレーションシップを設定しましょう。設定方法は何通りかありますが、ここではPower Pivotウィンドウの「ダイアグラムビュー」で設定する方法を解説します。実際に設定するのは次節とします。本節では、その準備としてダイアグラムビューの表示方法と概要まで解説します。

ダイアグラムビューでリレーションシップを設定するには、Power Pivotウィンドウの表示

をダイアグラムビューに切り替える必要があります。とりあえず実際に切り替えてみましょう。Power Pivotウィンドウの［ホーム］タブの「表示」グループにある［ダイアグラムビュー］をクリックしてください（画面10）。

▼**画面10　［ダイアグラムビュー］をクリック**

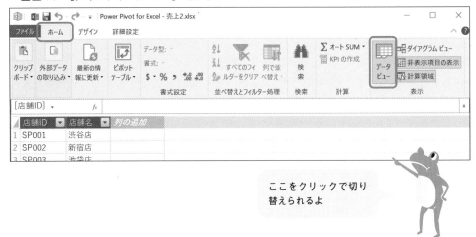

ここをクリックで切り替えられるよ

すると、ダイアグラムビューに切り替わります（画面11）。

▼**画面11　ダイアグラムビューに切り替わった**

これがダイアグラムビューなんだね

画面11のダイアグラムビューには、データモデルに追加した3つのテーブル「売上」とテーブル「商品マスタ」、テーブル「店舗マスタ」がそれぞれ小さなウィンドウに表示されています。

各テーブルには、一番上にテーブル名が表示され、その下にはそれぞれの列が一覧表示されています。列の数多く、かつテーブルのウィンドウの高さが足りないと、一部の列が隠れてしまうのですが、右側のバーでスクロールすれば表示できます。

なお、テーブルのウィンドウのサイズはフチをドラッグ操作で変更できます。一覧表示される列をより多くしたい場合、高さを広げるとよいでしょう。また、ダイアグラムビューは全体の拡大・縮小も、画面下部のズームバーでできます。

データビューではテーブル名のタブが並んでいましたが、ダイアグラムビューではタブがなく、このような画面構成になっています。

表示をデータビューに戻すには、［ホーム］タブの［データビュー］をクリックします。ダイアグラムビューとデータビューは、いつでも必要に応じて表示を切り替えられます。

ここまでを改めて整理すると、Power Pivotウィンドウには、ビュー（表示形式）が大きく分けて2種類あります。標準は「データビュー」です。先ほどの画面9までは、すべてデータビューになります。データモデルに追加したテーブルが表の形式で表示されるビューです。テーブル単位で表示され、画面下部のタブで切り替えられます。データの確認や暗黙のメジャーの確認、計算列の追加・編集・削除に利用します。さらにメジャーの追加・編集・削除も可能です。

もう1種類のビューがダイアグラムビューです。画面11のように、データモデルに追加したすべてのテーブルが表示されるビューです。主にリレーションシップの設定に利用します。テーブル全体を俯瞰して確認する際も便利です。

これら2種類のビューを適宜切り替えて使いましょう（図1）。

図1　ダイアグラムビューとデータビューを使い分ける

これで下準備は完了です。次節にて実際にリレーションシップを設定します。

5-3 リレーションシップを設定しよう

テーブル「売上」とテーブル「商品マスタ」にリレーションシップを設定

前節では下準備として、3つの表をテーブルに変換したのち、Power Pivotウィンドウの表示をダイアグラムビューに切り替えました。本章ではリレーションシップを設定します。

最初にテーブル「売上」とテーブル「商品マスタ」にリレーションシップを設定しましょう。前章で学び前節でおさらいしたように、共通の列は列「商品ID」でした。

ダイアグラムビューでリレーションシップを設定するには、目的の2つのテーブルにある共通の列をドラッグして結び付けます。実際にやってみましょう。

テーブル「売上」の列「商品ID」をドラッグすると、黒い太目の直線が表示されるので、そのままテーブル「商品マスタ」の列「商品ID」の位置までドラッグ（マウスの左ボタンはまだ離さない）してください（画面1）。

▼**画面1** テーブル「売上」の列「商品ID」をテーブル「商品マスタ」の列「商品ID」までドラッグ

テーブル「商品マスタ」の列「商品ID」の位置までドラッグすると、画面1のように、テーブル「商品マスタ」の列「商品ID」が薄緑色の帯でハイライトされます。もし、別の列がハイライトされていたら、ドラッグ先の位置が正しくないので、ちゃんと列「商品ID」の位置にドラッグするよう調整してください。

テーブル「商品マスタ」の列「商品ID」が薄緑色の帯でハイライトされた状態で、マウスの左ボタンを離してください。すると、画面2のようになります。

▼**画面2　リレーションシップを設定できた**

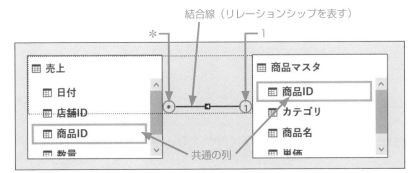

これでリレーションシップ
を設定できたよ

これでテーブル「売上」とテーブル「商品マスタ」にリレーションシップを設定できました。2つのテーブルが共通の列「商品ID」によって紐づけられ、連携できるようになりました。

　もし、ドラッグ位置を誤って、他の列にリレーションシップを設定してしまったら、［元に戻す］コマンド（ショートカットキー Ctrl + Z）は使えないので、本節末のコラムで解説する方法で対処してください。

　ここで、画面2を改めて見てください。2つのテーブルの共通の列「商品ID」が緑枠で囲まれています。そして、2つのテーブル間が黒い細線で結ばれます。ダイアグラムビューでは、この黒い細線がリレーションシップを表します。本書では、この黒い細線を「結合線」と呼ぶとします。

　また、画面2をよく見ると、結合線の両端にごく小さな文字で「1」と「*」が表示されています。さらに結合線の中央付近には、白抜きの三角形が表示されています。これらは本節の最後に改めて解説します。

　テーブル「売上」とテーブル「商品マスタ」にリレーションシップ設定する方法は以上です。このようにダイアグラムビューでは、直感的なドラッグ操作によって、2つのテーブルの共通の列を結び付けることで、リレーションシップを素早く簡単に設定できるのが特長です。

テーブル「店舗マスタ」にもリレーションシップを設定

　次はテーブル「売上」とテーブル「店舗マスタ」にもリレーションシップを設定しましょう。共通の列は列「店舗ID」でした。

　先ほどと同様に、ダイアグラムビュー上でのドラッグ操作で、リレーションシップを設定しましょう。テーブル「売上」の列「店舗ID」を、テーブル「店舗マスタ」の列「店舗ID」の位置までドラッグしてください（画面3）。

▼**画面3** 共通の列「店舗ID」をドラッグで結び付ける

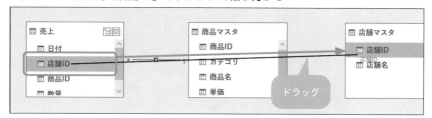

同じ感じでドラッグで
結び付けてね

　マウスの左ボタンを離すと、画面4のように、テーブル「売上」とテーブル「店舗マスタ」が結合線で結び付けられ、リレーションシップが設定されます。

▼**画面4** テーブル「店舗マスタ」にリレーションシップが設定された

こっちも結合線で結び
付いたね

　これでテーブル「売上」とテーブル「店舗マスタ」にリレーションシップを設定できました。2つのテーブルが共通の列「店舗ID」によって、連携できるようになりました。

　なお、共通の列「店舗ID」を結び付けるドラッグ操作は、今回はテーブル「売上」から出発しましたが、逆方向のテーブル「店舗マスタ」から出発しても構いません。テーブル「商品マスタ」のケース（共通の列「商品ID」）も同様です。

テーブルを並べ直して見やすくする

　さて、画面4はテーブル「店舗マスタ」の結合線がテーブル「店舗マスタ」を迂回しているなど、どのテーブルとどのテーブルにリレーションシップが設定されているのか、パッと見ても少々わかりづらい状態です。

　そこで、テーブル「店舗マスタ」の表示場所を移動するとします。移動しなくてもパワーピボットで集計・分析は問題なく行えますが、ここでは3つテーブルの関係をダイアグラムビューでより見やすくするために移動するとします。

ダイアグラムビューでテーブルの表示場所を移動するには、テーブル名の部分をドラッグします。列名の部分をドラッグしても移動できないので注意してください。

では、テーブル「店舗マスタ」のテーブル名の部分を画面5の位置にドラッグしてください。見やすくなれば、どの位置でも構いませんが、今回は画面5のとおり、テーブル「店舗マスタ」とテーブル「商品マスタ」の左端を揃え、縦に並べるとします。厳密に揃える必要は全くなく、目分量で問題ありません。

▼**画面5 テーブル「店舗マスタ」の表示場所を変更した**

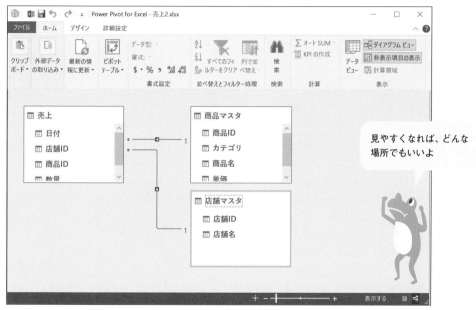

これで画面4の見づらい状態が解消され、どのテーブルとどのテーブルにリレーションシップが設定されているのか、よりわかりやすくなりました。

設定済みのリレーションシップを確認するには

ここで画面5を改めて見てほしいのですが、どのテーブルとどのテーブルにリレーションシップが設定されているのかは、結合線によってひと目でわかりますが、どの列とどの列にが紐づけられてリレーションシップが設定されているのかがわかりません。言い換えると、共通の列が何なのかわかりません。結合線はテーブルのレベルでしか引かれておらず、列のレベルまでは引かれていない状態です。

どのテーブルのどの列とどのテーブルのどの列にリレーションシップが設定されているのか確認するには、結合線をクリックして選択します。その際、必ず黒の細線の部分をクリックしてください。中央の白色三角形の部分や線の外ではなく、細線そのものをクリックしてください。

すると、その結合線が深緑色の太線に変わると同時に、リレーションシップが設定されて

いる列が緑枠でハイライトされます。設定直後である画面2や画面4と同じ状態になります。

　画面6はテーブル「売上」とテーブル「商品マスタ」の結合線をクリックした結果です。結合線が深緑色の太線に変わり、かつ、リレーションシップが設定されている共通の列「商品ID」が緑枠でハイライトされています。

▼**画面6　共通の列「商品ID」がハイライトされた**

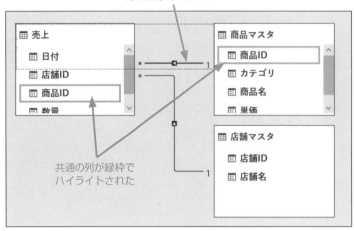

共通の列がひと目で
わかるね

　画面7はテーブル「売上」とテーブル「店舗マスタ」の結合線をクリックした結果です。結合線が深緑色の太線に変わり、共通の列「店舗ID」が緑枠でハイライトされています。

▼**画面7　共通の列「商品ID」がハイライトされた**

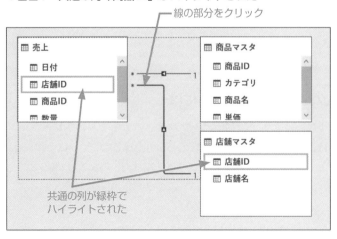

共通の列は列「店舗ID」って
スグわかるね

　リレーションシップの設定内容を確認したければ、Power Pivotウィンドウのダイアグラムビューで、このように操作してください。また、結合線をクリックして選択しなくとも、マウスオーバーでも共通の列が緑枠でハイライトされるので確認できます（結合線は深緑色の太線に変わりません）。

ダイアグラムビューの結合線の詳細

　本節の最後に、あとまわしにしていたダイアグラムビューの結合線の詳細を解説します。画面2のとおり、結合線の両端にごく小さな文字で「1」と「*」が表示されているのでした。なおかつ、結合線の中央付近に白抜きの三角形が表示されているのでした。

　結合線の両端の「1」と「*」は、第4章4-3節（126ページ）で学んだ「1対多の関係」を表しています。結合線の「1」は、「1対多」の「1」のテーブル（表）を意味します。結合線の「*」は、「1対多」の「多」のテーブルを意味します（図1）。

図1　　結合線の両端の「1」と「*」は「1対多」を表す

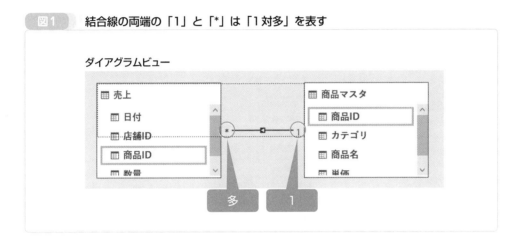

　本章サンプルの場合、テーブル「商品マスタ」とテーブル「売上」なら、前者が「1対多」の「1」、後者が「多」に該当します。テーブル「商品マスタ」はマスタの表であり、すべてのデータは1つしか存在ないユニークなものなので、「1」に該当します。一方、テーブル「売上」はトランザクションの表であり、同じ商品のデータは存在するので、「多」に該当します。

　このように結合線の両端の「1」と「*」を見れば、2つのテーブルの「1対多の関係」がひと目でわかるようになっています。テーブル「店舗マスタ」とテーブル「売上」の結合線についても同様です。

　白抜きの三角形はあまり重要な意味はなく、単に「『1』のテーブルから『多』のテーブルを指し示す方向」ぐらいの認識で問題ありません。

　前節から本節にかけて、本章サンプル「売上2.xlsx」の3つの表をテーブルに変換し、データモデルに追加したのち、リレーションシップを設定しました。これで3つのテーブルが共通の列によって連携可能となりました。次節からはパワーピボットで、これら3つのテーブルによる集計・分析を行う方法の基礎を学びます。

コラム

リレーションシップを誤って設定してしまったら

ダイアグラムビューにて、操作ミスで共通の列以外にドラッグしてしまったなどで、リレーションシップを誤って設定してしまった場合、本節で述べたとおり［やり直し］コマンドは使えません。

その場合、次の手順で設定内容を修正しましょう。目的のリレーションシップの結合線を右クリックし、［リレーションシップの編集］をクリックしてください（画面1）。

▼**画面1　結合線を右クリック→［リレーションシップの編集］をクリック**

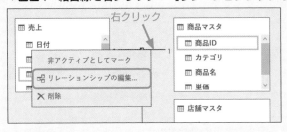

白抜き三角形の部分を右クリックでもでもいいよ

すると、「リレーションシップの編集」画面が表示されます。現在リレーションシップが設定されている2つのテーブルの名前が上のボックスに表示されます。その下の表の部分に、リレーションシップが設定されている列が青くハイライトして表示されます（画面2）。

▼**画面2　「リレーションシップの編集」画面**

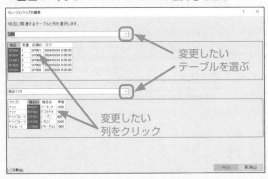

この画面でリレーションシップを変更できるよ

テーブルを変更したければ、ボックスの右端の［▼］をクリックし、ドロップダウンから選んでください。列を変更したければ、表の部分にて目的の列をクリックして選んでください。最後に［OK］をクリックします。

なお、「リレーションシップの編集」画面は結合線をダブルクリックしても表示できます。

また、リレーションシップを削除するには、結合線の細線の部分を右クリックし、［削除］をクリックしてください。その際、白抜き三角形の部分を右クリックしても、［削除］コマンドが表示されないので注意しましょう。

複数のテーブルから パワーピボットを作ろう

● [挿入] タブからパワーピボットを作成

本章サンプル「売上2.xlsx」を用いて、前節にリレーションシップを設定しました。これでテーブル「売上」、テーブル「商品マスタ」、テーブル「店舗マスタ」が連携可能となりました。本節では、リレーションシップを設定した3つのテーブルからパワーピボットを作成します。さらに簡単な集計も行います。

データモデルからパワーピボットを作成する方法は第2章2-3節（39ページ）で解説したように、大きく分けて以下の2通りがあるのでした。

【作成方法1】 Power Pivotウィンドウから作成
【作成方法2】 ブックの [挿入] タブから作成

第2章では【作成方法1】を用いました。本章では練習を兼ねて、【作成方法2】を用いるとします。

それではブックに切り替え、[挿入] タブを表示してください。一番左にある「テーブル」グループの [ピボットテーブル] の下半分（「ピボットテーブル」という文字が表示された部分と [▼] の部分）をクリックしてください。ボタン（アイコン）そのものではなく、必ず [▼] がある下半分をクリックしてください。すると、画面1のようにサブメニューが表示されます。

▼**画面1** [ピボットテーブル] → [データモデルから] をクリック

必ず下半分をクリックしてね

この中の [データモデルから] によってパワーピボットを作成します。なお、データモデルにテーブルを1つも追加していないと、データモデル自体が用意されていない状態であり、

その際はこの［データモデルから］はグレーアウトしてクリックできません。ここでは前節までにデータモデルを用意したので、クリック可能となっています。

では、［データモデルから］をクリックしてください。すると、「データモデルからのピボットテーブル」画面が表示されます（画面2）。

▼**画面2 「データモデルからのピボットテーブル」画面で作成先を選ぶ**

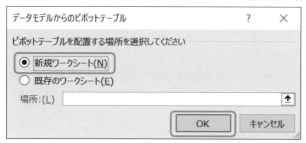

作成先のワークシートを選ぶ画面だよ

この画面で、パワーピボットの作成先を指定します。文言は異なるものの、役割は第2章2-3節で登場した画面2の「ピボットテーブルの作成」画面と同じです。

今回は新規ワークシートに作成するとします。では、「データモデルからのピボットテーブル」画面で［新規ワークシート］を選択し（標準で選択済み）、［OK］をクリックしてください。

すると、新規ワークシート「Sheet1」が追加され、その上にパワーピボットが作成されます（画面3）。作成される場所は自動で、A3セルが左上となるセル範囲になります。

▼**画面3 新規ワークシートにパワーピボットが作成された**

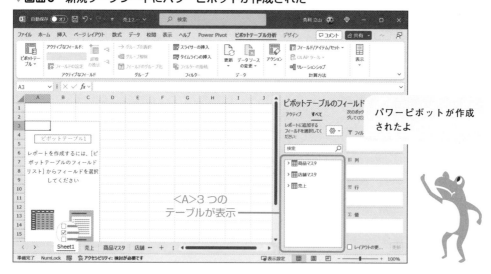

パワーピボットが作成されたよ

ここで、画面右側の作業ウィンドウ「ピボットテーブルのフィールド」のフィールドセクショ

ン（画面3の＜A＞）に注目してください。表のアイコンがテーブル「商品マスタ」、テーブル「店舗マスタ」、テーブル「売上」の順に並んで3つ表示されています。

　第2章2-3節でパワーピボットを作成した際、データモデルに追加したのは、テーブル「売上」の1つだけでした。そのため、フィールドセクションに表示されるアイコンもテーブル「売上」の1つだけでした（第2章2-3節画面3参照）。一方、本節では3つのテーブルをデータモデルに追加しています。それらからパワーピボットを作成したため、画面3のように3つのテーブルがフィールドセクションに表示されたのです（図1）。

図1　3つのテーブルからパワーピボットを作成

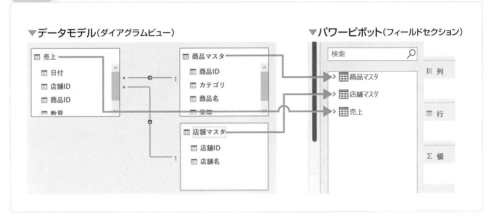

　ここで、3つのテーブルのアイコンの左隣りにある［＞］をそれぞれクリックし、展開してみましょう。すると、各テーブルの列（フィールド）が一覧表示されます（画面4）。

▼画面4　各テーブルを展開して、列を一覧表示

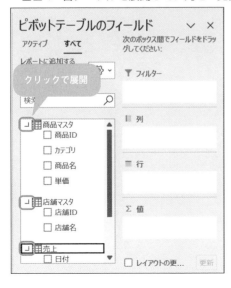

各テーブルの列が表示
されたね

スクロールすれば、テーブル「売上」の最後の列である列「数量」まで表示できます（画面5）。

▼画面5　テーブル「売上」の最後の列まで表示した状態

テーブル「売上」の最後の
列まで全部見られたね

複数のテーブルによるクロス集計を体験

これでパワーピボットのベースを作成できました。次に、エリアセクションに各フィールド（列）を配置して、クロス集計を行っていきます。あわせて、スライサー追加なども適宜行っていきます。

今回は以下のように配置するとします。第2章2-3節の最後と全く同じ構成になります。

▼エリアセクション
・行
カテゴリ
商品名

・列
なし

・値
数量

▼スライサー
・店舗名

エリアセクションの「行」では、フィールド「商品名」の上にフィールド「カテゴリ」を

配置することで、フィールド「商品名」をフィールド「カテゴリ」でグループ化します。さらに第2章2-3節と同じく、カテゴリ別の数量の集計も表示できるよう、グループの先頭に小計を表示するとします。

　それでは、順に配置していきましょう。まずはエリアセクションの「行」にフィールド「カテゴリ」とフィールド「商品名」を配置します。これらのフィールドはフィールドセクションを見ると、テーブル「商品マスタ」に含まれているので、そこから［カテゴリ］と［商品名］をエリアセクションの「行」にドラッグして配置してください（画面6）。

▼**画面6　［カテゴリ］と［商品名］を「行」にドラッグして配置**

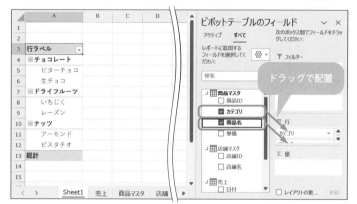

テーブル「商品マスタ」から配置するよ

　続けて、エリアセクション「値」にフィールド「数量」を配置します。このフィールドは先ほどのテーブル「商品マスタ」ではなく、テーブル「売上」にあるのでした。フィールドセクションのテーブル「売上」からフィールド「数量」を、エリアセクション「値」にドラッグして配置してください。すると画面7のように、商品ごとの数量の合計が集計され、B列に表示されます。これでクロス集計ができました。

▼**画面7　商品ごとの数量の合計が集計された**

今度はテーブル「売上」から配置するよ

　なお、画面7の数量の集計結果は第2章2-3節ではなく、第2章2-4節の画面8（54ページ）

と同じになります。第2章2-4節ではサンプル「売上1.xlsx」にて、元のテーブル「売上」の最終行に、ビターチョコの売上データ（数量は3）を1件追加しました。本章のサンプル「売上2.xlsx」も、その追加後の売上データを用いています。

さらにカテゴリ別の数量の集計も表示できるよう設定します。[デザイン] タブの [小計] → [すべての小計をグループの先頭に表示する] をクリックしてください（画面8）。

▼**画面8 [すべての小計をグループの先頭に表示する]をクリック**

この操作は「表1.xlsx」のときと同じだよ

これでカテゴリごとの数量の小計が、カテゴリ名の横に表示されました（画面9）。

▼**画面9 カテゴリごとの数量の小計が表示された**

行ラベル	合計 / 数量
⊟**チョコレート**	**55**
ビターチョコ	27
生チョコ	28
⊟**ドライフルーツ**	**52**
いちじく	28
レーズン	24
⊟**ナッツ**	**67**
アーモンド	39
ピスタチオ	28
総計	**174**

小計が表示されたよ

最後に店舗名のスライサーを追加しましょう。フィールド「店舗名」があるのはテーブル「店舗マスタ」でした。フィールドセクションのテーブル「店舗マスタ」の [店舗名] を右クリックし、[スライサーとして追加] をクリックしてください（画面10）。

▼**画面10** ［店舗名］を右クリック→［スライサーとして追加］をクリック

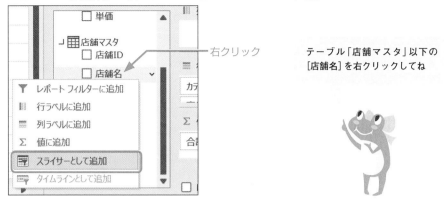

右クリック

テーブル「店舗マスタ」以下の
［店舗名］を右クリックしてね

これで店舗名のスライサーが追加されました（画面11）。

▼**画面11** 店舗名のスライサーが追加された

行ラベル	合計 / 数量
チョコレート	**55**
ビターチョコ	27
生チョコ	28
ドライフルーツ	**52**
いちじく	28
レーズン	24
ナッツ	**67**
アーモンド	39
ピスタチオ	28
総計	**174**

店舗名
渋谷店
新宿店
池袋店

スライサーが
追加されたね

　ひとまず画面11の状態でいったん完成とします。フィールド「カテゴリ」とフィールド「商品名」それぞれについて、フィールド「数量」の合計がB列に集計されています。そして、スライサーで店舗を選べば、絞り込み（スライス）による分析が行えます。さらには商品名とカテゴリのレベルでドリルダウン／アップも可能です。

　画面12はその一例として、カテゴリのレベルにドリルアップし、かつ、スライサーで「池袋店」に絞り込んだ状態です。他にも、エリアセクションの「行」と「列」に配置する列を入れ替えれば、ダイス分析が行えます。

▼**画面12** 「カテゴリ」にドリルアップし、「池袋店」でスライスした例

行ラベル	合計 / 数量
⊞ チョコレート	17
⊞ ドライフルーツ	23
⊞ ナッツ	15
総計	55

店舗名

- 渋谷店
- 新宿店
- 池袋店

スライスで絞り込みと
ドリルアップした例だよ

本章サンプル「売上2.xlsx」はそもそも、集計・分析対象のデータとして、売上の表と商品の表と店舗の表が3枚のワークシートに分散しているのでした。それらをデータモデルに取り込み、共通の列をもとにリレーションシップを設定して、パワーピボットで集計・分析しました。

先ほどの画面11や画面12では、第2章～第3章で登場した1つの表によるパワーピボットと同じ集計・分析が行えています。3つのテーブル（表）がリレーションシップによって連携しているおかげで、あたかも1つのテーブル（表）のように集計・分析できるのです（図2）。

図2 ３つのテーブルがあたかも１つのテーブルのように集計・分析できる

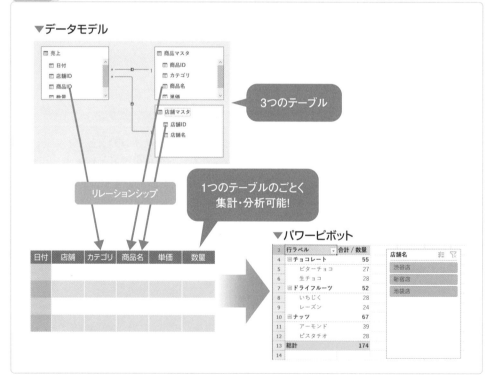

　もう少し詳しく見てみましょう。エリアセクションの「値」に配置し、合計を求めているフィールド「数量」は、テーブル「売上」の列です。他のテーブルにはありません。一方、エリアセクションの「行」に配置しているフィールド「カテゴリ」とフィールド「商品名」は、テーブル「商品マスタ」の列です。他のテーブルにはありません。

　それにもかかわらず、フィールド「カテゴリ」のデータ（「チョコレート」など）ごと、およびフィールド「商品名」のデータ（「ビターチョコ」など）ごとに、フィールド「数量」の合計をそれぞれ求められているのは、リレーションシップのおかげです。テーブル「商品マスタ」とテーブル「売上」が、共通の列「商品ID」によって紐づけられ、テーブル同士が連携できるためです。

　テーブル「売上」の1件ごとの売上データでは、列「商品ID」にそれぞれデータが入力されています。それと同じデータをテーブル「商品マスタ」の列「商品ID」から探せば、どの商品なのか特定でき、カテゴリと商品名がわかります。そして、テーブル「売上」の1件ごとの売上データには、列「数量」にもデータが入力されています。そのため、どのカテゴリのどの商品名の商品が、どれだけの数量で売れたのかがわかります。

　このようにテーブル「売上」とテーブル「商品マスタ」がリレーションシップで連携しているため、パワーピボット上では、異なるテーブルのフィールド（列）が連携して、数量を集計できたのです（図3）。

図3 テーブル「売上」とテーブル「商品マスタ」が連携して数量が集計された

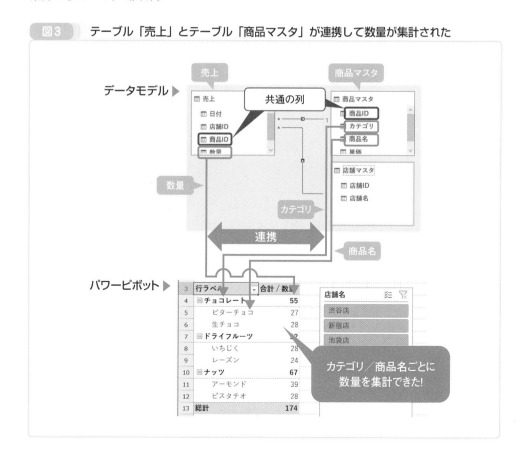

　店舗のスライサーで絞り込むのも、同様にリレーションシップのおかげです。テーブル「売上」には列「店舗名」はありません。列「店舗名」があるのはテーブル「店舗マスタ」であり、そこから店舗のスライサーを追加しました。

　テーブル「売上」と共通の列「店舗ID」で紐づけて連携したので、テーブル「店舗マスタ」の列「店舗名」から店舗名を取得できます。そのため、店舗のスライサーから、どの店舗でどれだけの数量が売れたのか絞り込めるのです（図4）。

図4　テーブル「売上」とテーブル「店舗マスタ」が連携して店舗で絞り込み

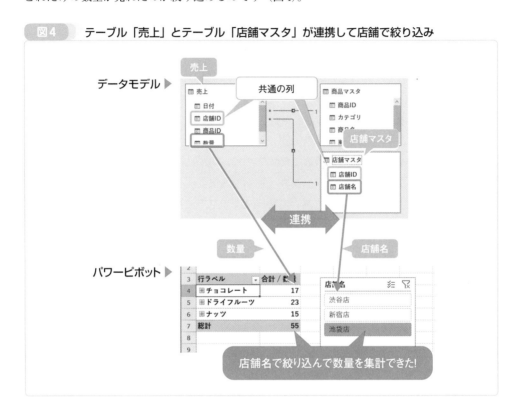

　複数の表（テーブル）による集計・分析の基礎は以上です。複数のテーブルでも、リレーションシップのおかげで、1つのテーブルと同じ感覚でクロス集計などが行えることが実感できたかと思います。次節では、メジャーや計算列というパワーピボットらしい仕組みを使って、「単価×数量」の合計などの集計・分析を3つのテーブルで行います。

A列にスライサーを置くようレイアウト変更

　次節に進む前に準備として、本章サンプル「売上2.xslx」のワークシート「Sheet1」のパワーピボットのレイアウトを少し変更しておくとします。目的は、単に見やすくするためだけです。

　現時点ではパワーピボットの横位置は左端がA列になっていますが、B列になるよう、1列ぶん右に移動するとします。そして、店舗のスライサーをA列に移動するとします。その際にサイズも調整します。ちょうど第2章でサンプル「売上1.xslx」のワークシート「Sheet1」

に作成したパワーピボットと同じレイアウトに変更することになります。

　では、A列の列名の部分を右クリック→［挿入］をクリックして、列を挿入してください（画面13）。

▼**画面13　A列を右クリック→［挿入］をクリックで列を挿入**

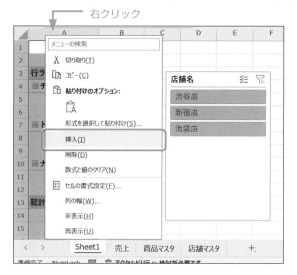

A列の位置に挿入するよ

　これでパワーピボットの横位置は左端がB列になりました。A列の列幅を適宜広げ、そこに店舗のスライサーをサイズ調整しつつ、ドラッグして適宜配置してください（画面14）。

▼**画面14　A列に店舗のスライサーを配置**

こんな感じでスライサーを配置してね

　次節に進む前の準備は以上です。

　なお、本節ではパワーピボットの作成を【作成方法2】の「ブックの［挿入］タブから作成」で行ったため、左端がA列の横位置で作成されました。【作成方法1】の「Power Pivotウィンドウから作成」だと、第2章で体験したとおり、左端がB列の横位置で作成されます。最初からA列にスライサーを設ける予定なら、【作成方法1】で作成するのが効率的です。

5-5 複数のテーブルで計算列を作ろう

複数のテーブルで「単価×数量」の計算列を作る

第3章で学んだとおり、パワーピボットらしい集計・分析を行うには、メジャーや計算列を利用するのでした。本節からは複数のテーブル（表）でメジャーや計算列を作る方法を学びます。

複数のテーブルの場合、1つのテーブルの場合と比べて、"ひと手間"を要します。パワーピボットのDAX式のルールとして、そう決められているからです。

集計・分析での使用頻度が比較的高いのはメジャーですが、"ひと手間"の方法は計算列の方がわかりやすいので、先に本節で計算列から学ぶとします。サンプルは前節と同じく「売上2.xlsx」を用います。

1つの売上のテーブルによる計算列は、第3章3-1節（58ページ）で学びました。その際、「単価×数量」の計算列を作成しました。本節でも同じく「単価×数量」の計算列を作成するとします。1つのテーブルではなく、複数のテーブルで「単価×数量」の計算列を作成するのです。計算列の名前は3-1節と同じく「計」とします。

さっそく作成しましょう。計算列はPower Pivotウィンドウにて、データモデルのテーブルの領域に作るのでした。とりあえず最初に、列の追加と列名の設定だけを行います。3-1節と同じ手順になります。

本章サンプル「売上2.xlsx」のPower Pivotウィンドウに切り替えてください。3つのテーブルが追加してあるのでした。ここでは売上のデータであるテーブル「売上」に計算列を追加します。では、画面下部の［売上］タブをクリックして、テーブル「売上」を表示してください。そして、列名の部分の［列の追加］をダブルクリックしてください（画面1）。

▼**画面1 テーブル「売上」の［列の追加］をダブルクリック**

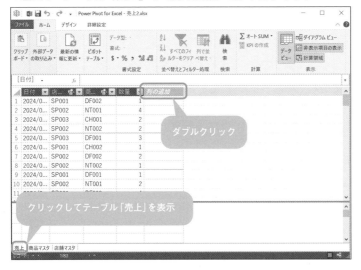

計算列はテーブル
「売上」に追加するよ

　カーソルが点滅して列名が編集可能な状態になるので、「計」に変更したら、Enter キーを押して確定してください。これで計算列「計」が追加されます（画面2）。

▼**画面2　テーブル「売上」に計算列「計」が追加された**

	日付	店…	商…	数量	計	列の追加
1	2024/0…	SP001	DF002	1		
2	2024/0…	SP002	NT001	4		
3	2024/0…	SP003	CH001	2		
4	2024/0…	SP002	NT002	2		
5	2024/0…	SP003	DF001	3		
6	2024/0…	SP001	CH002	1		
7	2024/0…	SP002	DF002	2		
8	2024/0…	SP002	NT002	1		
9	2024/0…	SP001	DF001	1		
10	2024/0…	SP002	NT001	2		
11	2024/0…	SP001	DF002	4		

計算列の名前を「計」に設定するよ

計算列「計」に「単価×数量」のDAX式を入れよう

　現時点では計算列「計」には数式（DAX式）が何も入っていません。ここに「単価×数量」を求めるDAX式を入力します。どのようなDAX式を入力すればよいでしょうか？

　3-1節では、計算列「計」に以下のDAX式を入力しました。

数 式

```
='売上'[単価]*'売上'[数量]
```

　3-1節の復習ですが、DAX式で指定したテーブルの指定した列のデータ（値）を取得するには、以下の書式で記述すればよいのでした。

書 式

```
'テーブル名'[列名]
```

　3-1節の計算列「計」のDAX式では、テーブル「売上」の列「単価」を「'売上'[単価]」、列「数量」を「'売上'[数量]」で取得し、DAX演算子の「=」と「*」（掛け算）を使って、「単価×数量」の掛け算を行っているのでした。

　本節の計算列「計」では、DAX式をどのように記述すればよいのでしょうか？　ここからは先述の"ひと手間"を学ぶ前振りとして、あえてエラーのDAX式を入力する体験をしてみます。

　本章サンプル「売上2.xlsx」では、列「単価」はテーブル「売上」ではなく、テーブル「商品マスタ」にあるのでした。よって、値を取得するには、上記書式に従うと、以下になります。

```
'商品マスタ'[単価]
```

　列「数量」は3-1節と同じくテーブル「売上」にあるので、「'売上'[数量]」で取得できます。あとは「=」と「*」を使えば、「単価×数量」は以下のDAX式となります。

```
='商品マスタ'[単価]*'売上'[数量]
```

　実はこのDAX式はエラーになるのですが、とりあえず計算列「計」に入力してみましょう。Power Pivotウィンドウにて、計算列「計」の1行目のセルをクリックし、数式バーでカーソルが点滅した状態にしてください。ブックの数式バーではなく、データモデルであるPower Pivotウィンドウの数式バーなので、くれぐれも間違えないよう注意してください。

　まずは「='売上'[数量]」まで入力します。「=」と「'」を数式バーに入力すると、テーブルおよび列の候補がポップアップに一覧表示されるのですが、「'商品マスタ'[単価]」はありません（画面3）。

▼**画面3　候補に「'商品マスタ'[単価]」がない**

あれっ!?
「'商品マスタ'[単価]」が
ないぞ!

　列がないテーブルだけの「'商品マスタ'」ならあるので、とりあえずダブルクリックで入力します。続けて列の「[単価]」を手入力してください。

　さらに掛け算の「*」を手入力したあと、「'売上'[数量]」を入力します。「'」を手入力すると、今度はポップアップの候補に「'売上'[数量]」があるので、ダブルクリックで入力してください（画面4）。

▼**画面4　候補にある「'売上'[数量]」をダブルクリック**

これでDAX式「='商品マスタ'[単価]'*'売上'[数量]」を最後まで入力できました。[Enter]キー
で確定してください。すると、すべてのセルに「#ERROR」と表示され、エラーになってし
まいます（画面5）。

▼**画面5　DAX式を入力したらエラーになった**

なお、画面5は計算列「計」の列幅が狭いので、セル内に「#ERROR」が表示しきれてい
ません。マウスオーバーすると、ツールチップで「#ERROR」が表示されます。

入力したDAX式「='商品マスタ'[単価]'*'売上'[数量]」のどこにエラーがあるのでしょうか？

原因を探るため、データを正しく取得できているのか、このDAX式で使っている列ごとに

チェックしていきましょう。

先に「'売上'[数量]」の部分をチェックします。数式バーをクリックし、DAX式を次のように変更してください。「'商品マスタ'[単価]*」の部分を削除することになります。

▼変更前

```
='商品マスタ'[単価]*'売上'[数量]
```

▼変更後

```
='売上'[数量]
```

変更後は、テーブル「売上」の列「数量」だけを取得するDAX式になります。Enterキーで確定すると、画面6のように、テーブル「売上」の列「数量」のデータが取得・表示されます。1つ前の列が列「数量」なので、全く同じデータになります。

▼**画面6** DAX式を「='売上'[数量]」

	日付	店...	商...	数量	計	列
	[計] ▾	f_x ='売上'[数量]				
1	2024/0...	SP001	DF002	1	1	
2	2024/0...	SP002	NT001	4	4	
3	2024/0...	SP003	CH001	2	2	
4	2024/0...	SP002	NT002	2	2	
5	2024/0...	SP003	DF001	3	3	
6	2024/0...	SP001	CH002	1	1	
7	2024/0...	SP002	DF002	2	2	
8	2024/0...	SP002	NT002	1	1	
9	2024/0...	SP001	DF001	1	1	
10	2024/0...	SP002	NT001	2	2	
11	2024/0...	SP001	DF002	4	4	

うんうん、このデータは
ちゃんと取得できてるな

エラーにならないので、テーブル「売上」の列「数量」のデータは問題なく取得できているとわかりました。

次はテーブル「商品マスタ」の列「単価」をチェックします。計算列「計」のDAX式を次のように変更してください。

▼変更前

数　式

='売上'[数量]

▼変更後

数　式

='商品マスタ'[単価]

「=」以降を「'商品マスタ'[単価]」に書き換えます。テーブル「商品マスタ」の列「単価」だけを取得するDAX式になります。 Enter キーで確定すると、画面7のようにエラーとなります。

▼**画面7　DAX式「='商品マスタ'[単価]」はエラーになった**

	[計] ▾	f_x ='商品マスタ'[単価]				
	日付 ▾	店... 🔑 ▾	商... 🔑 ▾	数量 ▾	🔑 ⓘ ▾	列の追加
1	2024/0...	SP001	DF002	1	#ER...	ⓘ (Ctrl) ▾
2	2024/0...	SP002	NT001	4	#ER...	#ERROR
3	2024/0...	SP003	CH001	2	#ER...	
4	2024/0...	SP002	NT002	2	#ER...	
5	2024/0...	SP003	DF001	3	#ER...	
6	2024/0...	SP001	CH002	1	#ER...	
7	2024/0...	SP002	DF002	2	#ER...	
8	2024/0...	SP002	NT002	1	#ER...	
9	2024/0...	SP001	DF001	1	#ER...	
10	2024/0...	SP002	NT001	2	#ER...	
11	2024/0...	SP001	DF002	4	#ER...	

こっちはエラーになった！

これで、DAX式「='商品マスタ'[単価]*'売上'[数量]」のエラーの原因は、テーブル「商品マスタ」の列「単価」が正しく取得できていないからだと判明しました。あえてエラーのDAX式を入力する体験は以上です。

他のテーブルの列は「RELATED」関数で取得

テーブル「商品マスタ」の列「単価」が正しく取得できないのは、DAX式のルールでそう決められているからです。

ここで思い出してほしいのですが、今回はDAX式をテーブル「売上」に記述しています。

Power Pivotウィンドウのテーブルの領域にて、画面下部の［売上］タブをクリックし、テーブル「売上」をアクティブにした状態で、そのテーブルの領域に計算列「計」を追加し、「売上×数量」のDAX式を記述しようとしていたのでした。

DAX式のルールとして、他のテーブル（自身以外のテーブル）の列のデータは、単に「'テーブル名'[列名]」の書式で記述しただけでは、たとえリレーションシップを設定して連携させていても、残念ながら取得できないよう決められているのです。

画面7のDAX式「='商品マスタ'[単価]」は、テーブル「売上」に記述しています。それなのに、他のテーブル「商品マスタ」にある列「単価」を取得しようとしているので、エラーとなったのです（図1）。

図1 「'テーブル名'[列名]」だけでは、他のテーブルの列を取得できない

他のテーブルの列のデータを取得するには、本節冒頭で触れた"ひと手間"が必要です。前節のクロス集計では、同じく3つのテーブルを用いていましたが、どのテーブルなのか意識しなくても、目的のフィールド（列）をエリアセクションに配置するだけで、数量を集計できました。しかし、DAX式では"ひと手間"が必要になります。

その"ひと手間"とは、「RELATED」というDAX関数を使うことです。他のテーブルの列のデータを取得するためのDAX関数です。この「他のテーブル」は共通の列が設けてあり、リレーションシップが設定済みであることが前提条件です。

RELATED関数の書式は以下です。

書 式

RELATED(列)

引数は「列」の1つだけです。この引数「列」には、目的の列をテーブル込みで、書式「'テーブル名'[列名]」によって指定します。テーブル「商品マスタ」の列「単価」なら、次のように記述します。引数「列」に「'商品マスタ'[単価]」を指定します。

数 式

```
RELATED('商品マスタ'[単価])
```

これでテーブル「売上」に記述するDAX式で、他のテーブルであるテーブル「商品マスタ」の列「単価」を正しく取得できます。さっそく試してみましょう。計算列「計」のDAX式を次のように変更してください。「'商品マスタ'[単価]」の部分をRELATED関数の引数となるよう、「RELATED(」と「)」を前後に追記することになります。

▼**変更前**

数 式

```
='商品マスタ'[単価]
```

▼**変更後**

数 式

```
=RELATED('商品マスタ'[単価])
```

Enter キーで確定すると、画面8のとおり、計算列「計」はエラーにならず、テーブル「商品マスタ」の列「単価」が意図通り取得できます。

▼**画面8 テーブル「商品マスタ」の列「単価」が取得できた**

日付	店...	商...	数量	計
1	2024/0...	SP001	DF002	1	2400
2	2024/0...	SP002	NT001	4	1200
3	2024/0...	SP003	CH001	2	1000
4	2024/0...	SP002	NT002	2	1800
5	2024/0...	SP003	DF001	3	800
6	2024/0...	SP001	CH002	1	1500
7	2024/0...	SP002	DF002	2	2400
8	2024/0...	SP002	NT002	1	1800
9	2024/0...	SP001	DF001	1	800
10	2024/0...	SP002	NT001	2	1200
11	2024/0...	SP001	DF002	4	2400

fx =RELATED('商品マスタ'[単価])

やった！ エラーにならず単価のデータを得られたぞ！！

これでエラーを解消できました。あとは計算列「計」の本来の目的である「単価×数量」のDAX式にしてやりましょう。以下のとおり変更してください。「*'売上'[数量]」を追記するだけです。「*」演算子を書き忘れないよう注意しましょう。

▼変更前

数 式

=RELATED('商品マスタ'[単価])

▼変更後

数 式

=RELATED('商品マスタ'[単価])*'売上'[数量]

Enter キーで確定すると、計算列「計」に「単価×数量」が意図通り求められます（画面9）。

▼**画面9 計算列「計」に「単価×数量」を求められた**

	日付	店...	商...	数量	計	列の追加
			fx	=RELATED('商品マスタ'[単価])*'売上'[数量]		
1	2024/0...	SP001	DF002	1	2400	
2	2024/0...	SP002	NT001	4	4800	
3	2024/0...	SP003	CH001	2	2000	
4	2024/0...	SP002	NT002	2	3600	
5	2024/0...	SP003	DF001	3	2400	
6	2024/0...	SP001	CH002	1	1500	
7	2024/0...	SP002	DF002	2	4800	
8	2024/0...	SP002	NT002	1	1800	
9	2024/0...	SP001	DF001	1	800	
10	2024/0...	SP002	NT001	2	2400	
11	2024/0...	SP001	DF002	4	9600	

ふぅ、やっと「単価×数量」の計算列が完成した

これでテーブル「売上」の計算列「計」にて、他のテーブルであるテーブル「商品マスタ」の列「単価」のデータを使い、「単価×数量」が求められました。

以上が複数のテーブルによるパワーピボットで、計算列を作る基礎です。ツボはDAX式の中で、RELATED関数によって、他のテーブルの列のデータを取得することです。今回のDAX式の仕組みを図2に整理しておきますので、本節で学んだ内容を確認しておきましょう。

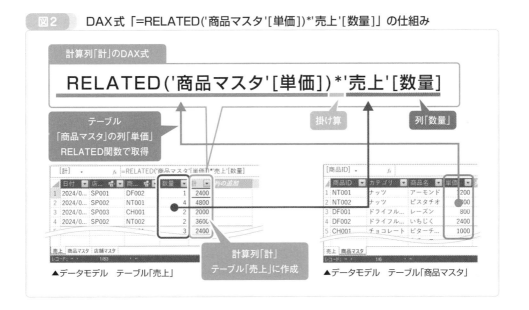

図2 DAX式「=RELATED('商品マスタ'[単価])*'売上'[数量]」の仕組み

▲データモデル テーブル「売上」 ▲データモデル テーブル「商品マスタ」

少々長くなりましたが、データモデルに計算列「計」を作成できました。ブック「売上2.xlsx」のパワーピボットで使ってみましょう。Power Pivotウィンドウからブックに切り替えてください。

ここで、ワークシート「Sheet1」のパワーピボットのフィールドセクションを見てください。テーブル「売上」に計算列「計」が追加されたことが確認できます（画面10）。

▼画面10 テーブル「売上」に計算列「計」が追加された

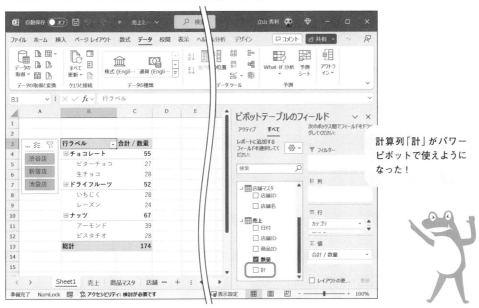

計算列「計」がパワーピボットで使えようになった！

　繰り返しになりますが、Power Pivotウィンドウでは、計算列「計」はテーブル「売上」に作成しました。そのため、パワーピボットのフィールドセクションでも、計算列「計」はテーブル「売上」以下に表示されるのです。

　では、計算列「計」をエリアセクションの「値」にドラッグして配置してください。今回はすでに配置してある「合計 / 数量」の下に配置するとします。集計結果が「合計 / 計」としてD列に表示されます（画面11）。

▼画面11　計算列「計」の集計結果が「合計 / 計」としてD列に表示された

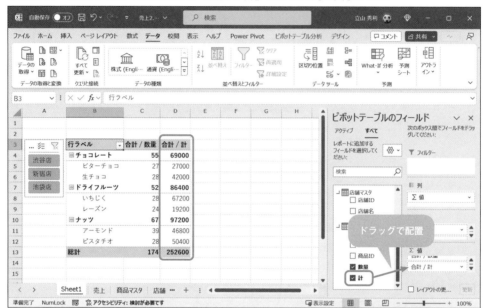

計算列「計」の
集計結果だよ

　これらの集計結果は、カテゴリまたは商品名ごとの「売上×単価」の合計になります。「合計 / 計」は自動作成された暗黙のメジャーです。暗黙のメジャーを忘れていたら、第3章3-2節（69ページ）で復習しておきましょう。

　また、同節で解説したように、この暗黙のメジャー「合計 / 計」は、Power Pivotウィンドウで［詳細］タブの［暗黙のメジャーの表示］をクリックすれば確認できます。

　暗黙のメジャー「合計 / 計」は、Power Pivotウィンドウの画面下部の計算領域で、計算列「計」と同じ列の先頭行のセルに自動作成されます。同セルをクリックすれば、その中身である「合計 / 計:=SUM('売上'[計])」を確認できます（画面12）。

▼**画面12　Power Pivotウィンドウで暗黙のメジャー「合計 / 計」のDAX式を確認**

計算列「計」をSUM関数で合計するDAX式になります。このSUM関数は第3章3-2節で登場したもので、DAX関数です。ワークシート関数ではありません。SUM関数および、ここで使われている書式「メジャー名:=DAX式」については、あとで余裕があれば、第3章3-2節を復習しておくとよいでしょう。

　本節ではここまでに、複数のテーブルによる計算列の作成の基礎を学びました。リレーションシップを設定したテーブル「売上」、テーブル「商品マスタ」、テーブル「店舗マスタ」があり、そのなかのテーブル「売上」とテーブル「商品マスタ」を使って、「単価×数量」を求める計算列「計」を作成しました。

　さらにはパワーピボットにて、計算列「計」から自動作成された暗黙のメジャー「合計 / 計」を使い、カテゴリまたは商品名ごとの「売上×単価」の合計を求めました。これらは第3章で学んだ1つのテーブル（表）の場合と同じ集計・分析です。計算列「計」による集計自体は同じですが、その計算列「計」の作り方が1つのテーブルの場合と異なるのです。

　これで、テーブルが1つだろうが複数だろうが、計算列による集計・分析ができるようになりました。

　また、計算列「計」にはテーブル「店舗マスタ」は使われていません。「単価×数量」を求めるのに必要な列は、テーブル「売上」とテーブル「商品マスタ」ですべて揃うからです。テーブル「店舗マスタ」はパワーピボットのスライサーで使っています。

極力エラーを出さずにDAX式を記述するコツ

本節の最後に、ちょっとしたコツをひとつ解説します。

本節で最初、Power Pivotウィンドウの「売上」タブ（テーブル「売上」のタブ）の数式バーにて、誤ったDAX式「='商品マスタ'[単価]*'売上'[数量]」を入力する際の画面3（170ページ）を振り返ってください。「='」まで入力したあと、ポップアップに表示される候補の中に、「'商品マスタ'[単価]」はありませんでした。テーブルのみの「'商品マスタ'」ならあったのですが、列込みの「'商品マスタ'[単価]」はありませんでした。

このようにPower Pivotウィンドウの数式バーでは、そのDAX式で使えるテーブル・列だけが、ポップアップの候補の一覧に表示されます。逆に言えば、使えないテーブル・列は表示されません。今回の場合、まさにエラーの原因となった「'商品マスタ'[単価]」は使えないので、候補に表示されませんでした。

一方、「'売上'[数量]」は同じテーブル「売上」の列なのでそのまま使えるため、候補に表示されました。

また、RELATED関数を入力する際、「=RELATED(」まで入力した際も、画面13のように候補が表示されたかと思います。これらはRELATED関数の引数で使えるテーブル・列の候補になります。

▼**画面13　RELATED関数の引数で使えるテーブル・列の候補**

「'商品マスタ'[単価]」があるから、使えるってことだね

なお、画面13の候補には、計算列「計」では使いませんが、テーブル「店舗」の列も表示されており、引数に指定可能となっています。

前置きが少々長くなりましたが、お伝えしたいコツは、この候補の機能の活用です。今回の例のように、候補が表示されないテーブル・列を無理やり手打ちで入力して使うと、エラーになります。逆に候補が表示されるテーブル・列なら、エラーなく使えます。

これは見方を変えると、候補に表示されるかどうかで、エラーになる／ならないを事前に判別できるということです。このようにDAX式を極力エラーなく記述するために、候補の機能をなるべく活用してください。あわせて、もし、使いたいテーブル・列が候補になければ、今回の例のようにRELATED関数を使うなど、解決方法も考えましょう。

なお、DAX式を書いていると、このコツを用いてもエラーを出してしまうものです。慣れるまでは仕方ないことなので、焦らずジックリと慣れていきましょう。

5-6 複数のテーブルで メジャーを作ろう

「売上×単価」の合計を求めるメジャーを作る

前節では、複数のテーブル（表）で計算列を作成する基礎を学びました。例として「単価×数量」を求める計算列「計」を作成しました。そして、自動作成された暗黙のメジャー「合計／計」で、カテゴリまたは商品名ごとの「売上×単価」の合計を求めました。

本節では、複数のテーブルでメジャーを自分で作成する基礎を学びます。そのなかで例として、「売上×単価」の合計を求めるメジャーを作成するとします。計算の内容や得られる集計・分析結果は前節の計算列「計」の暗黙のメジャー「合計／計」と全く同じです。

そして、第3章3-3節（86ページ）で作成したメジャーとも計算の内容、得られる集計・分析結果とも全く同じです。3-3節では、「合計_売上」というメジャーを作成しました。集計・分析の対象となるデータは1つのテーブルで用意されていました。本節では、複数のテーブルで用意されたデータで作成するのが大きな違いです。前節と同じく、テーブル「売上」とテーブル「商品マスタ」、テーブル「店舗マスタ」の3つです。

ただし、前節の最後でも述べたとおり、「単価×数量」を求めるのに必要な列は、テーブル「売上」とテーブル「商品マスタ」ですべて揃います。そのため、テーブル「店舗マスタ」は使いません。

実は、複数のテーブルでメジャーを作成する方法で、新しく学ぶことはありません。3-3節で学んだ内容に、前節で学んだ"ひと手間"であるRELATED関数を組み合わせるだけです。

3-3節では、「メジャー」ダイアログボックスを用いて、メジャー名やDAX式などを指定しました。そのDAX式はSUMX関数を使って記述しました。SUMX関数はDAX関数のひとつでした。ここでおさらいとして、SUMX関数の書式を再度提示します。

書式

```
SUMX ( 表 , 式 )
```

第1引数の「表」には、集計・分析の対象となるテーブルを指定するのでした。3-3節では、テーブル「売上」である「'売上'」を指定しました。

第2引数の「式」には、計算式を指定するのでした。3-3節では、「単価×数量」を求める計算式として、「'売上'[単価]*'売上'[数量]」を指定しました。3-3節では、テーブルは「売上」の1つしか登場しなかったので、SUMX関数の第1引数と第2引数で登場するテーブルの記述も「'売上'」だけです。

SUMX関数の2つの引数を考えよう

本節で作成する「売上×単価」の合計を求めるメジャーも、同じくSUMX関数を利用します。

2つの引数をどう指定すればよいのか、考えていきましょう。

　第1引数「表」には、集計・分析の対象となるテーブルとして、テーブル「売上」を指定します。どの商品がどれだけの数量売れたのかの情報が入力されているは、テーブル「売上」です。列「数量」を含むからです。そのため、このテーブル「売上」が集計・分析の対象となるテーブルに該当します。

　「売上×単価」の計算に必要な単価のデータは、リレーションシップで連携しているテーブル「商品マスタ」から、前節学んだ方法で取得すれば済みます。

　以上を踏まえ、第1引数「表」にはテーブル「売上」である「'売上'」を指定します。テーブル名を「'」で囲って指定するのでした。

数　式

```
SUMX('売上', 式)
```

　続けて、第2引数「式」に指定する計算式を考えましょう。今回も3-3節と同じく、「単価×数量」の合計を求めたいので、引数「式」には「単価×数量」の数式を指定します。

　繰り返しになりますが、単価のデータである列「単価」は、テーブル「商品マスタ」にあるのでした。テーブル「売上」にはありません。前節で学んだとおり、他のテーブルの列のデータを取得するには、RELATED関数を使うのでした。

　テーブル「商品マスタ」の列「単価」のデータを取得するには、前節で学んだとおり、RELATED関数の引数に「'商品マスタ'[単価]」を指定すればよいのでした。

数　式

```
RELATED('商品マスタ'[単価])
```

　数量については、テーブル「売上」の列なので、「'売上'[数量]」と記述すればOKです。あとは単価と数量を掛け算するよう、「*」演算子で結びます。

数　式

```
RELATED('商品マスタ'[単価])*'売上'[数量]
```

　上記の計算式をSUMX関数の第2引数「式」に指定します。

数　式

```
SUMX('売上',RELATED('商品マスタ'[単価])*'売上'[数量])
```

　これで、本節で作成する「売上×単価」の合計を求めるメジャーのDAX式がわかりました。単価と数量のデータは同じテーブルのものではなく、単価はテーブル「商品マスタ」の列「単

価」、数量はテーブル「売上」の列「数量」です。このように異なるテーブルのデータを用い、RELATED関数も使っている点が3-3節のメジャーのDAX式との大きな違いです（図1）。

図1 本節で作成するメジャーのDAX式の構造

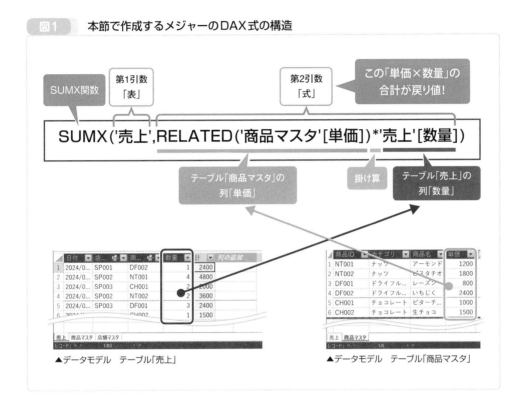

▲データモデル　テーブル「売上」　　▲データモデル　テーブル「商品マスタ」

◉ メジャーを作って集計・分析しよう

　それでは、「メジャー」ダイアログボックスにて、メジャーを作成しましょう。本節のメジャー名も3-3節と同じ「合計_売上」とします。

　本章サンプル「売上2.xlsx」のワークシート「Sheet1」のパワーピボットのフィールドセクションにて、テーブル「売上」を右クリックし、[メジャーの追加]をクリックしてください（画面1）。他のテーブルではなく、必ずテーブル「売上」を右クリックしてください。

▼**画面1** テーブル「売上」を右クリック→ [メジャーの追加] をクリック

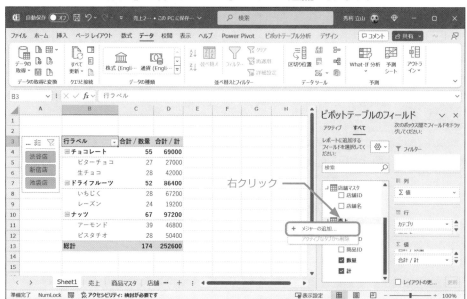

メジャーの作成手順は
第3章と同じだよ

　「メジャー」ダイアログボックスが表示されます。「テーブル名」欄は自動入力された「売上」のままとします。「メジャーの名前」欄には「合計_売上」を入力してください。

　「数式」欄には、「=」に続けて、先ほど考えたDAX式「SUMX('売上',RELATED('商品マスタ'[単価])*'売上'[数量])」を入力してください。

　その際は前節の最後で紹介したコツのとおり、指定したいテーブルや列がポップアップの候補に表示されるのを確認し、ダブルクリックで入力するようにすれば、エラーをより防げます（画面2）。もちろん、入力の手間も削減できます。DAX関数名も同様です。

▼**画面2** テーブルや列は極力、ポップアップの候補から選んで入力しよう

「(」まで入力して、一覧表示
される候補を確認してね

「数式」欄を入力できたら、［DAX式を確認］をクリックし、エラーがないかチェックしておきましょう。

続けて、「カテゴリ」欄で［数値］を選択し、［桁区切り (,) を使う］をオンにしてください。最後に［OK］をクリックしてください（画面3）。

▼**画面3 「メジャー」ダイアログボックスの各欄を入力・設定**

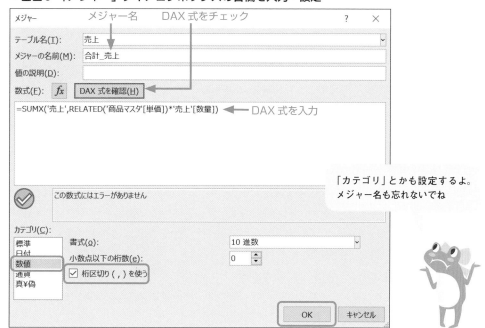

これでメジャー「合計_売上」を作成できました。パワーピボットのフィールドセクションに「fx」アイコン付きで表示されます。

このメジャー「合計_売上」をエリアセクションの「値」にドラッグして配置してください。今回は既存の計算列「合計 / 計」は残したまま、その下に配置するとします。すると画面4のように、パワーピボットのE列にメジャー「合計_売上」が追加され、「単価×数量」の合計が表示されます。

▼ **画面4　メジャー「合計_売上」で「単価×数量」の合計を求めた**

メジャー「合計_売上」

メジャー「合計_売上」の集計結果は画面4のとおり、D列にある「合計 / 計」（計算列「計」の暗黙のメジャー）と見比べると、桁区切りのカンマがある／ないの違いだけで、数値自体は全く同じ集計結果が得られています。メジャー「合計_売上」は意図通り「単価×数量」の合計を求められていることが確認できます。

さらに画面4の集計結果は第3章3-3節の画面5とも同じですが、第3章3-3節は1つのテーブル「売上」で作成したものであるのに対し、本節のメジャーは2つのテーブル「売上」とテーブル「商品マスタ」で作成したものという大きな違いがあります。

両テーブルに共通の列「商品ID」を設け、リレーションシップを設定したため連携が可能になりました。そのおかげで、テーブル「売上」のメジャーでも、RELATED関数によって、他のテーブルであるテーブル「商品マスタ」の列「単価」のデータを取得し、集計・分析ができたのです。

複数のテーブルでメジャーを作成する方法の基礎は以上です。他のテーブルの列を取得するために、いちいちRELATED関数を記述しなければならないのは面倒と言えば面倒ですが、ルールとして決められており、反するとエラーになるので、毎回地道に記述しましょう。

また、第3章3-4節で学んだCALCULATE関数を使って、条件に合致した商品だけの「単価×数量」の合計を求めるなどのメジャーを、複数のテーブルで作成する際も、ここまでに学んだ基礎に従えばOKです。

そして、第2章からスタートしたパワーピボットの基礎の学習は本節で終了です。次章では、パワークエリの基礎を学びます。新しい用語や使い方などがまた多数登場するので、がんばってついてきてください。もちろん、用語や手順はいちいち暗記する必要なく、パワークエリでどんなことができるのか、どんなメリットが得られるのか、パワーピボットとどう組み合わせるのかを理解することに重きを置いて学んでください。

第 **6** 章

パワークエリを
使おう

本章ではパワークエリの基礎を学びます。パワークエリはそも
そも何ができるのか、どんなメリットが得られるのか、パワーピ
ボットとどう組み合わせて使うのかなどを学んでいきます。

6-1 パワークエリでデータを取り込む

パワークエリの "基礎の基礎" を身に付けよう

前章までにパワーピボットの基礎を学びました。本章ではパワークエリの基礎を学びます。パワークエリの役割は第1章1-2節で解説したとおり、「集計・分析対象のデータを取り込む／整える」です。大まかには「取り込む」と「整える」の2つの役割があるのでした。

第1章1-2節（18ページ）で解説したとおり、ビジネスの現場でのデータ集計・分析では、対象のデータをパワークエリで取り込んだあと、パワーピボットを使って集計・分析を行うという流れが一般的です。いわば、「先にパワークエリで、その後にパワーピボット」という順番で使うケースが大半を占めます。

実際はそうなのですが、本書では第1章1-2節で述べた理由によって、先にパワーピボットから学びました。同じく1-2節で述べたように、パワーピボットは単独でも使えるのでした。そして、本章にて、いよいよパワークエリを学びます。パワークエリを使い、分析対象のデータを取り込む方法を学びます。データを整える方法も学びます。そして、パワークエリで取り込んだデータを使い、パワーピボットで集計・分析を行います。そのような「先にパワークエリで、その後にパワーピボット」の流れも体験していただきます。

パワークエリは非常に多機能であり、できることが多彩です。本書では、基本的な機能だけにフォーカスし、"基礎の基礎" のレベルの使い方を丁寧に解説します。本書読了後に読者のみなさんが自分でパワークエリをさらに学んでいく際、知識の理解や方法の習得などをスムーズに進めるために必要最小限な "基礎の基礎" を身に付けていただきます。

パワークエリでデータを「取り込む」とは

手始めにここで、パワークエリの前提知識として、役割と機能の概要、メリットなどをザっと解説します。

まずはパワークエリの2つの役割の「取り込む」から解説します。

先述のとおりパワーピボットは単独で使えるのでした。前章まで体験したように、パワークエリを一緒に使わなくても、データ集計・分析が行えました。なぜ行えたかというと、単独でも使える条件が整っていたからです。

その条件とは、「集計・分析対象のデータがすべて1つのブックに収められている」です。

第3章までに用いたサンプルのブック「売上1.xlsx」は、売上のデータは1つの表（テーブル）として、同ブックのワークシート「売上」に用意されていました。前章で用いたサンプルのブック「売上2.xlsx」では、3つのテーブルが3枚のワークシートに分散して用意されていましたが、1つのブック「売上2.xlsx」に収められていました。

このようにテーブルが1つだけであろうが複数あろうが、1つのブックに収められていれば、パワーピボット単独でも集計・分析が行えます。

しかし、集計・分析対象のデータが複数のブックに分かれて用意されている場合、パワー

ピボット単独では集計・分析できません。その理由ですが、ここまで学んだようにパワーピボットで集計・分析を行うには、集計・分析対象のデータをデータモデルに追加する必要があるのでした。

実はパワーピボット単独だと原則、機能などの関係で、データモデルに追加できるのは、同じくブックにあるテーブルだけです。複数のブックに分かれて用意されていると、残念ながらデータモデルに追加できません。別のブックのテーブルは追加できないのです。

そこでパワークエリの出番です。パワークエリを使えば、集計・分析対象のデータのテーブルが複数のブックに分かれて用意されていても、それぞれのブックから各テーブルを読み込み、データモデルに追加できるのです（図1）。よって、データが複数のブックに分かれていても、パワーピボットで集計・分析が可能になります。

図1 パワークエリなら、データが複数のブックに分かれていてもOK！

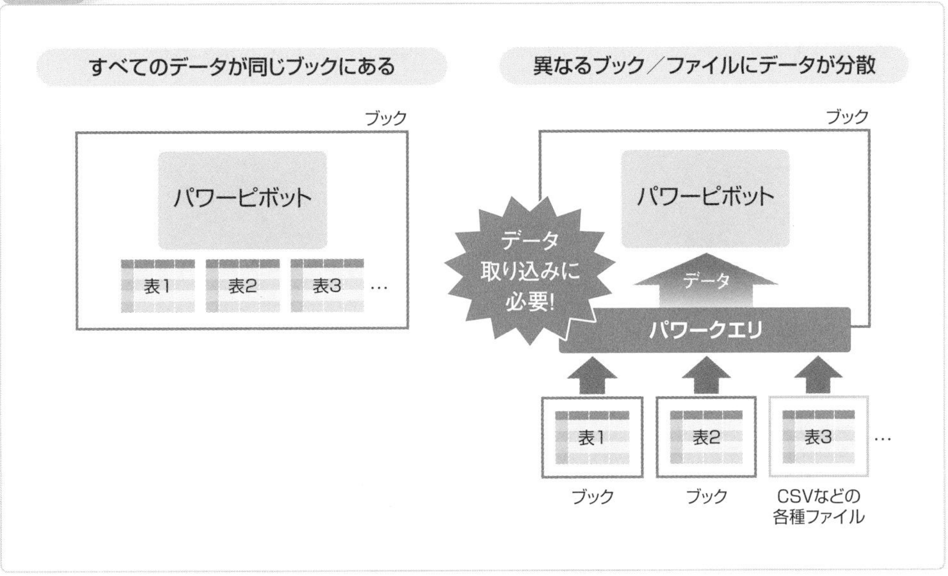

ビジネスの現場では、データが複数のブックに分かれて用意されるケースが多いでしょう。

しかも、Excel標準形式のブックの形式（拡張子「.xlsx」など）ではなく、CSVファイルをはじめ、Excel標準形式以外のファイルとして、データが用意されるケースも多々あります。なお、CSV（Comma Separated Values）とは、表の列が「,」（カンマ）、行が改行で区切られたテキストの形式のファイルです。

そのようなExcel標準形式以外のファイルは原則、パワーピボット単独では対応できませんが、パワークエリなら読み込んでデータモデルに追加できます。本書では、複数のブック／ファイルの集計・分析対象のデータを読み込み、データモデルに追加するまでを「取り込む」と定義します。

パワークエリでデータを「整える」とは

次にパワークエリのもうひとつの役割である「整える」について概要を解説します。

第1章1-1節（12ページ）で解説しましたが、パワーピボットは、各データが分析可能な"キレイな状態"であることも必須でした。第4章末のコラム（132ページ）で解説しているように、データは項目ごとに1列あり、1件ごとに1行という表の構成が大前提でした。列や行に漏れがなく揃っており、かつ、余計な行や列もないのが条件でした。そして、入力するデータは表記が統一されているなどの条件もあるのでした。なお、これは通常のピボットテーブルでも同じです。

しかし、ビジネスの現場では、余計な行や列が含まれていたり、住所などで文字列データの表記が統一されていなかったりするなど、"汚い状態"のデータで用意されるケースが多々あります。

"汚い状態"のデータの集計・分析をパワーピボットで行うには、"キレイな状態"に整える必要があります。しかし、パワーピボット自体に「整える」ための専用の機能はありません。置換機能などを使って手作業で整えるなら、膨大な手間とミスの恐れが大きなネックです。マクロ／VBAで自動化して整えることは非常にハードル高い作業です。

また、もともと"キレイな状態"であったとしても、分析を行うために変換や整形がどうしても必要になるケースもあるのでした。例えば、全体のデータ量を抑えるために、集計・分析対象外の列の削除などです。本書ではこれらも「整える」に含めるとします。

パワークエリは、そのようなデータを整えることにも威力を発揮します（図2）。データを整えるための多彩な機能が揃っており、さまざまなかたちの"汚い状態"のデータでも、クリック主体の簡単な操作で、柔軟に加工して"キレイな状態"に整えられます。

図2 "汚い状態"のデータを"キレイな状態"に整えられる

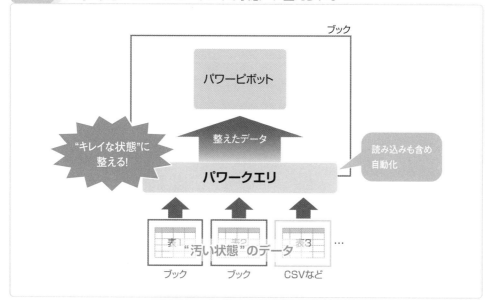

　そして、データを整える作業を容易に自動化できるのもパワークエリの強みです。ビジネスの現場では、データ集計・分析は一度きりではなく、継続的に何度も実施するケースがほとんどです。たとえば、日々増えていく売上データを週次で集計・分析するなどです。その度にデータを整える作業を手作業で行っていてはキリがありません。マクロ／VBAによる自動化は、先述のとおりハードル高い作業です。その点、パワークエリなら比較的簡単に自動化できます。

　さらには、データを整えることだけでなく、複数のファイルのテーブルからデータを読み込む段階から、一連の作業を自動化できます。パワークエリを使うと、このようなメリットも得られるのです。

　前提知識となるパワークエリの役割と機能の概要、メリットは以上です。

　他にもパワークエリには、「接続の作成のみ」という機能があります。集計・分析対象のデータを「接続の作成のみ」という特殊な方式でデータモデルに追加できる機能です。ExcelのブックやCSVファイルなど各種ファイルのデータを、Excelのワークシートに読み込むことなく、データモデルに直接追加できるという機能です。

　この「接続の作成のみ」もパワークエリおよびデータモデルの大きなメリットなのですが、初心者には非常にわかりづらいので、次節以降で具体例を挙げつつ、使い方や得られるメリットなどを改めて順次解説していきます。

　なお、本書の解説では、厳密にはパワークエリに該当しない機能や操作が含まれることが少々あるかもしれませんが、すべてパワークエリの機能と見なすとします。読者のみなさんはパワークエリを学び、使っていく際は気にしなくても全く問題ありません。

6-2節～6-3節用のサンプル紹介

　本章からは新たなサンプルを2つ用います。次節（6-2節）から6-3節までと、6-4節以降で別々のサンプルを用いるとします。

　ここでは、次節～6-3節で用いるサンプルを紹介します。本章の1つ目のサンプルになります。全体的な構成としては、前章までと同じく、売上のデータの表（テーブル）があり、さらに商品マスタと店舗マスタの表がある、というものです。前章までと本章サンプルでの大きな違いが、これら3つの表がそれぞれ別ファイルで用意されている点です。

　本章の1つ目のサンプルは「売上3」という名称とします。本書ダウンロードファイルに「売上3」というフォルダーとして用意しましたので、お手元のパソコンで任意の場所にコピーしてください。ここではデスクトップにコピーしたとします。

　「売上3」フォルダーをコピーしたら、ダブルクリックなどで開いてください。以下3つのファイルが含まれています（画面1）。なお、画面1は拡張子を表示するようエクスプローラーを設定しています。かつ、ファイル名の昇順で並べています。

・売上3.xlsx

・店舗マスタ.xlsx

・商品マスタ.csv

▼**画面1** 「売上3」フォルダーに含まれる3つのファイル

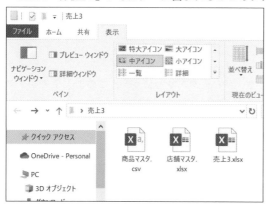

データはこの3つの
ファイルにあるよ

次節から6-3節まででは、これら3つのファイルを集計・分析対象のデータとします。

上記3つのファイルを順に解説します。お手元のパソコンでも、ファイルをダブルクリック
などで開き、実物を見ながら以下の解説をお読みください。

● **売上3.xlsx**

売上データの表が1つだけあるExcelのブック（拡張子「.xlsx」）です（画面2）。ワークシー
トは1枚のみであり、ワークシート名は「売上」です。

▼**画面2** ブック「売上3.xlsx」の中身

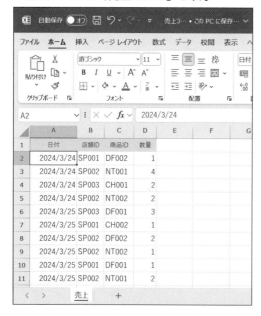

売上の表だね

表の列の構成、データの内容や件数は前章サンプル「売上2.xlsx」と同じです。ちょうど「売上2.xlsx」から、売上の表があるワークシート「売上」だけを抜き出したかたちのブックになります。1行目が列見出しであり、行番号84まで売上データがあります。つまり、売上データの件数は83件です。

● 店舗マスタ.xlsx

店舗マスタの表が1つだけあるブックです（画面3）。ワークシートは1枚のみであり、ワークシート名は「店舗マスタ」です。

▼**画面3　ブック「店舗マスタ.xlsx」の中身**

店舗の表だよ

表の列の構成ですが、前章サンプル「売上2.xlsx」の2列（列「店舗ID」と列「店舗名」）に加え、3列目（C列）に「床面積」を新たに設けています。想定シチュエーションは、床面積の平米単位の数値を格納する列とします。具体的なデータは画面3のとおりです。この新たな列「床面積」については、最終的には6-5節で解説します。6-4節までの集計・分析には使わないので、この列があることだけ認識していればOKです。

残りの列である列「店舗ID」と列「店舗名」については、「売上2.xlsx」と同じです。データ件数も同じ3件です。データの内容も同じです。

● 商品マスタ.csv

商品マスタの表が1つだけあるCSVファイル（拡張子「.csv」）です（画面4）。この商品マスタのみ、CSVファイルの形式とします。

▼**画面4 CSVファイル「商品マスタ.csv」の中身**

CSVファイルはExcelで
開けるよ

　表の列の構成、データの内容や件数そのものは、前章サンプル「売上2.xlsx」と同じです。なお、ワークシート名はファイル名と同じ「商品マスタ」が自動で付けられます。

　また、CSVファイルはテキストファイルの一種であることから、テキストエディターで開いて、中身を見ることもできます。例えば「メモ帳」で開いた例が画面5です。列見出しも含め、商品マスタの表の各列が「,」で区切られ、かつ、1件のデータ（表の行）が改行で区切られていることが確認できます。

▼**画面5 「商品マスタ.csv」を「メモ帳」で開いた**

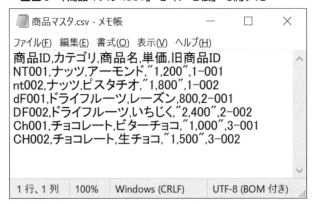

データがカンマ区切りで
並んでいるのがわかるね

　「売上3」フォルダーの3つのファイルを確認できたら、全部閉じてください。Excel自体を終了させる結果となります。「メモ帳」も忘れずに閉じてください。次節以降の学習では基本的に、これら3つのファイルをExcelやメモ帳で開くことなく進めます。

6-2 パワークエリで「取り込む」 方法の基礎を学ぼう

パワークエリで「取り込む」の2つの方法

　本節ではパワークエリの2つの役割の1つである「集計・分析対象のデータを取り込む」の基礎を学びます。前節の繰り返しになりますが、複数のファイルに分けて用意された集計・分析対象のデータを読み込み、データモデルに追加するまでが「取り込む」に該当します。

　取り込むの方法は複数あります。本節で紹介するのは以下2通りの方法とします。

【追加方法1】ワークシート上に読み込んでから、データモデルに追加
【追加方法2】ワークシートを経由せず、データモデルに直接読み込んで追加

　これら2つの方法の大きな違いは、ワークシートを経由するかどうかです。イメージは図1なのですが、一体どういうことでしょうか?

6

図1　【追加方法1】と【追加方法2】の違いのイメージ

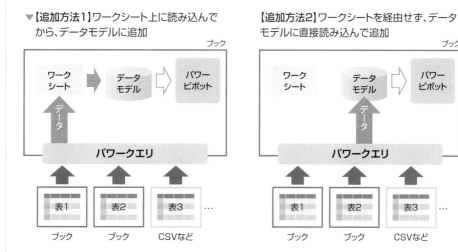

　また、本書では【追加方法2】を"筆者オススメ"として、こちらの方法をメインに用いるとします。2つの方法の違いに加え、【追加方法2】を"筆者オススメ"とする理由を読者のみなさんがより理解しやすくするため、先に本節で【追加方法1】を体験していただきます。そのうえで、次節で"筆者オススメ"の【追加方法2】を学んでいただきます。

ワークシート上にもテーブルとして読み込む

　では、【追加方法1】を解説します。ここでは新規ブックを使い、そのデータモデルに先述

の3つのファイル（売上3.xlsx、店舗マスタ.xlsx、商品マスタ.csv）の表のデータを追加する
とします。

Excelを立ち上げて、「ホーム」画面にて［空白のブック］をクリックするなどして、新規ブック
を作成して開いてください（画面1）。

▼画面1　［空白のブック］をクリックなどで新規ブックを作成

新規ブックを作成できるなら、
方法は何でもいいよ

パワークエリ関連の操作は主に、ブックの［データ］タブの「データの取得の変換」グルー
プにあるボタンの各コマンドから行います。【追加方法1】でファイルからデータを取り込み、
データモデルに追加する操作は、同グループの［データの取得］から行います。

なお、グループ名やコマンド名などに「パワークエリ」や「Power Query」という名称は
表示されませんが、パワークエリの機能に該当すると本書では見なします。

「データの取得の変換」グループの［データの取得］にはサブメニューがあり、どの種類の
ファイルから取り込むのかによって、選ぶコマンドが変わります。ここでは最初にサンプル「売
上3」のExcelブック「売上3.xlsx」からデータモデルに追加するとします。ブックを取り込
むには、［データの取得］→［ファイルから］→［Excelブックから］をクリックします（画
面2）。

▼画面2　［データの取得］→［ファイルから］→［Excelブックから］をクリック

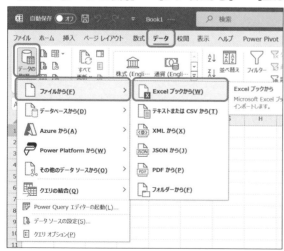

［データの取得］はブックの
［データ］タブの左端にあるよ

「データの取り込み」ダイアログボックスが表示されます。「売上3」フォルダーに移動し、ファイル一覧からブック「売上3.xlsx」を選択したら、［インポート］をクリックしてください（画面3）。

▼**画面3**　「売上3.xlsx」を選択して［インポート］をクリック

すると、「接続しています～」というメッセージが一瞬表示され、自動で閉じたあと、「ナビゲーター」画面が表示されます。画面左側に指定したブック「売上3.xlsx」がフォルダー形状のアイコンで表示され、さらにその下にワークシート「売上」のアイコンが表示されます。

このワークシート「売上」のアイコンをクリックしてください。すると、画面右側にワークシート「売上」にある売上の表のデータがプレビューで表示されます（画面4）。

▼**画面4**　ワークシート「売上」を選ぶとデータがプレビューされる

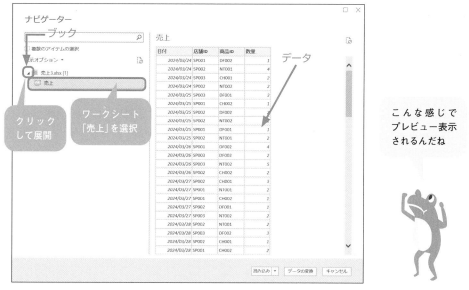

　このように実際にデータを取り込む前に、プレビューで確認できます。スクロールすれば、最終行のデータも確認できます。

　データを確認したら、データモデルに追加します。「ナビゲーター」画面右下の［読み込み］の右端にある［▼］をクリックし、［読み込み先］をクリックしてください。その際、誤って［読み込み］そのものをクリックしないよう注意してください（画面5）。なお、以降の手順の画面には「取り込む」と「読み込む」などの2種類の用語が登場しますが、ニュアンスなどの違いは気にせず、同じ意味と捉えてください。

▼**画面5**　［読み込み］の［▼］→［読み込み先］をクリック

この画面では［▼］が隠れているよ

　［読み込み先］をクリックすると、自動で「ナビゲーター」画面が閉じ、続けて「データのインポート」画面が開きます。まずは一番下にある［このデータをデータモデルに追加する］をオンにしてください（画面6）。この項目をオンにすることで、読み込みと同時に、データモデルに追加できます。

▼**画面6**　［このデータをデータモデルに追加する］をオンにする

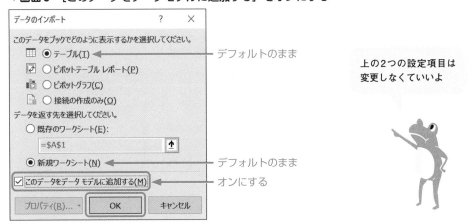

上の2つの設定項目は変更しなくていいよ

　そして、［このデータをデータモデルに追加する］の上には、2つの設定項目があります。

　1つ目の項目「このデータをブックでどのように表示するかを選択してください。」では、どの形式で読み込むのかを選びます。ここではデフォルトの［テーブル］を選ぶとします。文字通り、テーブルとして読み込まれます。

2つ目の項目「データを返す先を選択してください。」では、読み込み先のワークシートを指定します。ここではデフォルトの［新規ワークシート］を選ぶとします。新規ワークシートが自動で追加され、そこに読み込まれます。

では、「データのインポート」画面の［OK］をクリックしてください。すると、新規ワークシートが挿入され、データの読み込みが始まります。ブックの画面右側には、「クエリと接続」作業ウィンドウが表示され、読み込み経過が表示されます。

読み込みが完了すると、画面7の状態になります。売上の表がテーブルとして読み込まれました。

▼**画面7　ブック「売上3.xlsx」の売上の表がテーブルとして読み込まれた**

読み込まれた表はテーブル化
されているね

このテーブルはワークシート「売上」に読み込まれています。新規ワークシート（画面6で設定）が自動で挿入され、その名前が「売上」に自動で変更されたものです。このワークシート名は、読み込み元のブック「売上3.xlsx」のワークシート「売上」の名前が使われるようになっています。テーブル名もそのワークシート名「売上」が自動で設定されます。

そして、繰り返しになりますが、この新規ブックのワークシート「売上」に、別のファイルであるブック「売上3.xlsx」のワークシート「売上」の売上の表のデータが、テーブルとして読み込まれました。

今度は画面7の「クエリと接続」作業ウィンドウに注目してください。「売上」というアイコンが表示され、その下に「83行読み込まれました」と表示されています。この「83行」とは、ブック「売上3.xlsx」のワークシート「売上」にある売上の表のデータ件数に該当します。ブッ

ク「売上3.xlsx」は1行目が列見出しであり、行番号84まで売上データがあるのでした。よって、売上データの件数（行数）は83になるのでした。

この「売上」というアイコンは「クエリ」です。クエリとは、一言で表すなら、「データをファイルなどから読み込んで、整えて、指定した形式で取り込む一連の"ステップ"のまとまり」なのですが、現時点では、何やらよくわからないでしょう。クエリの正体は6-5節で改めて解説するので、今の時点では「データを整えて取り込むための仕組み」ぐらいのイメージを把握しておけばOKです。クエリの名前もテーブル名などと同じく、「売上」が自動で付けられます。

さて、今回はデータモデルへの追加も行うよう、画面6で［このデータをデータモデルに追加する］をオンにしたのでした。確認してみましょう。［Power Pivot］タブの［管理］をクリックするなどして、Power Pivotウィンドウを開いてください。

すると、画面8のように、テーブル「売上」が追加されたことが確認できます。言い換えると、ブック「売上3.xlsx」のデータをデータモデルに取り込めたのです。

▼**画面8　データモデルにテーブル「売上」が追加された**

別ファイルの表をデータモデルに取り込めたよ。タブ名も「売上」になっているね

これで、ブック「売上3.xlsx」のワークシート「売上」にある売上の表のデータを、新規ブックのワークシート「売上」にテーブルとして読み込み、かつ、データモデルにも追加できました。

ブック「店舗マスタ.xlsx」も取り込もう

続けて、ブック「店舗マスタ.xlsx」のワークシート「店舗マスタ」の店舗の表も、同様の手順で取り込みます。［データ］タブの［データの取得］→［ファイルから］→［Excelブックから］をクリックし、ブック「店舗マスタ.xlsx」を選んで、［インポート］をクリックして

ください。

「ナビゲーター」画面が表示されたら、ワークシート「店舗マスタ」を選び、内容を確認したら、［読み込み］の［▼］→［読み込み先］をクリックしてください（画面9）。

▼**画面9　［読み込み］の［▼］→［読み込み先］をクリック**

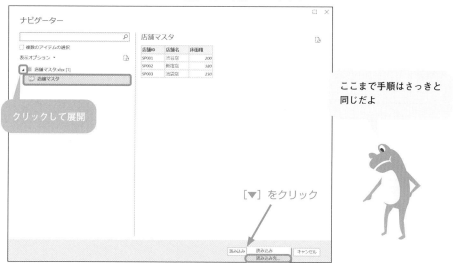

「データのインポート」画面が表示されたら、［このデータをデータモデルに追加する］をオンにしてください。ここでは店舗の表も売上の表と同じく、新規ワークシートにテーブルとして取り込むとします。上にある2つの設定項目はデフォルトのまま、［OK］をクリックしてください（画面10）。

▼**画面10　［このデータをデータモデルに追加する］をオンする**

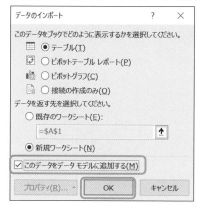

［このデータをデータモデルに〜］
を忘れずにオンにしてね

すると、画面11のように、新規のワークシート「店舗マスタ」に、店舗の表がテーブル「店舗マスタ」として読み込まれます。

▼画面11　店舗の表がテーブル「店舗マスタ」として読み込まれた

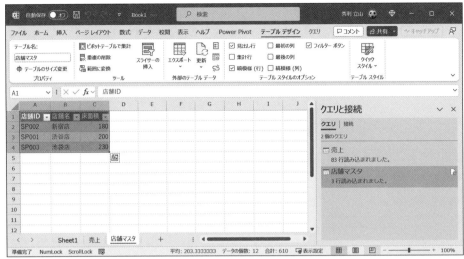

読み込み先のワークシート追加と名前
設定、テーブル名設定は自動だよ

　さらにPower Pivotウィンドウを見ると、「店舗マスタ」タブが追加され、店舗の表（テーブル「店舗マスタ」）のデータが取り込まれており、データモデルに追加されたことも確認できます（画面12）。

▼画面12　店舗の表がデータモデルに追加された

店舗の表も別ファイルから
データモデルに追加できたね

　これで、ブック「店舗マスタ.xlsx」のデータをワークシート「店舗マスタ」およびデータモデルに取り込めました。

さらに画面12の下部をよく見ると、2つのタブ「売上」と「店舗マスタ」があります。前章で学んだようにPower Pivotウィンドウでは、データモデルに追加したテーブルはタブ単位で表示・管理されます。タブをクリックすれば切り替えられます。これらは別のブックから取り込んだ場合でも同じです。

CSVファイルを取り込むには

最後に店舗の表であるCSVファイル「店舗マスタ.csv」を取り込みます。CSVファイルも似たような手順で取り込めます。

CSVファイルの取り込みは、ブックの［データ］タブの「データの取得と変換」グループにある［テキストまたはCSVから］で行います。では、クリックしてください（画面13）。

▼**画面13** ［データ］タブの［テキストまたはCSVから］をクリック

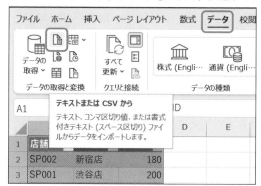

ウィンドウサイズによっては、ボタン名が表示されたり、もっと大きなアイコンになったりするよ

「データの取り込み」ダイアログボックスが表示されます。「売上3」フォルダーに移動し、「商品マスタ.csv」を選択したら、［インポート］をクリックしてください（画面14）。

▼**画面14** 「商品マスタ.csv」を選択し、［インポート］をクリック

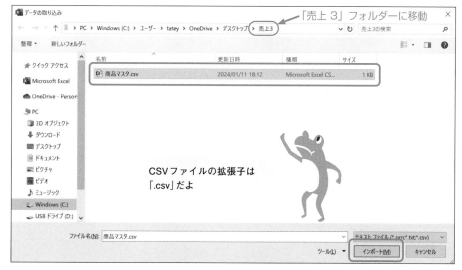

CSVファイルの拡張子は「.csv」だよ

　すると、「商品マスタ」という画面が表示されます（画面15）。「ナビゲーター」画面とほぼ同じ構成の画面ですが、画面左側にはブックとワークシートを選ぶ欄がありません。CSVファイルはそもそも、ワークシートを複数持てないので、ワークシートを選ぶ必要がないからです。

　読み込まれるデータを確認したら、［読み込み］の［▼］→［読み込み先］をクリックしてください。

▼**画面15**　［読み込み］の［▼］→［読み込み先］をクリック

この画面にワークシート
名は表示されないよ

　Excel ブックの時と同じく、「データのインポート」画面が表示されます。［このデータをデータモデルに追加する］をオンにしてください。ここでは商品の表も先ほどの2つの表と同じく、新規ワークシートにテーブルとして取り込むとします。2つの設定項目はデフォルトのまま、［OK］をクリックしてください（画面16）。

▼**画面16**　［このデータをデータモデルに追加する］をオンする

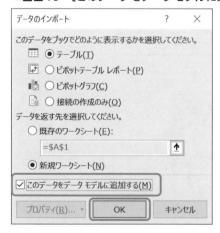

この画面の操作はブック
を読み込む時と同じだよ

　すると、画面17のように、新規のワークシート「商品マスタ」に、商品の表がテーブル「商品マスタ」として読み込まれます。

▼画面17　商品の表がテーブル「商品マスタ」として読み込まれた

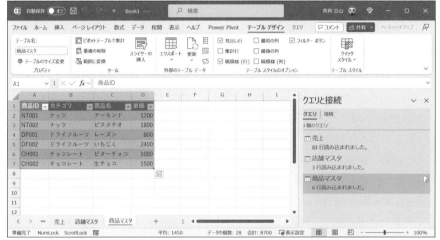

CSVファイルをワークシートに読み込めたね

　さらに「Power Pivot for Excel」ウィンドウを見ると、「商品マスタ」タブが追加され、商品の表のデータが取り込まれており、テーブル「商品マスタ」としてデータモデルに追加されたことも確認できます（画面18）。これでCSVファイル「店舗マスタ.csv」のデータをワークシート「商品マスタ」およびデータモデルに取り込めました。

▼画面18　商品の表がデータモデルに追加された

CSVファイルをデータモデルに追加できたよ

以上がCSVファイルを取り込む方法です。このようにブックとほぼ同じ手順で取り込めます。

なお、手順の一番目の［テキストまたはCSVから］は、ブックの［データ］タブの［データの取得］→［ファイルから］→［テキストまたはCSVから］が同じコマンドなので、そちらをクリックしても構いません。

追加した3つのファイルからパワーピボットを作る

これで3つのファイル（ブック「売上3.xlsx」、ブック「店舗マスタ」、CSVファイル「商品マスタ.csv」）について、3つの表のデータをすべてワークシートにテーブルとして読み込み、かつ、データモデルに追加できました。さっそくパワーピボットを作ってみましょう。

まずはリレーションシップを設定します。うっかり設定し忘れないよう気を付けましょう。前章で学んだとおり、Power Pivotウィンドウをダイアグラムビューに切り替えてください。

3つのテーブルの共通の列は前章と同じなので、リレーションシップも同様に設定します。テーブル「売上」の列「店舗ID」とテーブル「店舗マスタ」の列「店舗ID」をドラッグして結び付けてください。あわせて、テーブル「売上」の列「商品ID」とテーブル「商品マスタ」の列「商品ID」をドラッグして結び付けてください（画面19）。

▼**画面19　リレーションシップを設定**

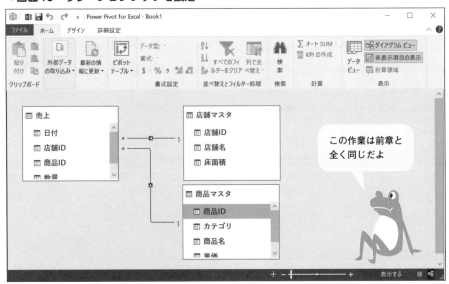

リレーションシップを設定できたら、パワーピボットを作ります。作成場所は前章までのように新規ワークシートでもよいのですが、ここでは既存のワークシート「Sheet1」のB3セルとします。「Sheet1」ブックの新規作成時に標準で用意されるワークシートになります。

Power Pivotウィンドウの［ホーム］タブの［ピボットテーブル］をクリックしてください。ブックに自動で切り替わり、「ピボットテーブルの作成」画面が表示されます。ここで［既存

のワークシート］を選んだのち、「場所」欄の中身をB3セルに変更します。デフォルトのセル番地「A1」を「B3」に手打ちで書き換えてください（画面20）。

▼**画面20　場所を指定してパワーピボットを作成**

作成先のセルをB3セルに
変更するよ

　B3セルへの変更は、もしくは「場所」欄の右端のボタンをクリックしてから、ワークシート「Sheet1」のB3セルをクリックして指定しても構いません。

　最後に［OK］をクリックしてください。すると、ワークシート「Sheet1」のB3セルにパワーピボットが作成されます（画面21）。

▼**画面21　ワークシート「Sheet1」のB3セルにパワーピボットが作成された**

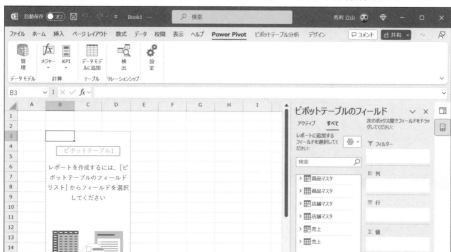

なんかフィールドセクションが
ゴチャゴチャして見えるけど…

　フィールドセクションを見ると、各テーブルのアイコンが2つずつあります。これはデータモデルに追加したテーブルと、ワークシート上に読み込んだテーブルが共に表示された状態です。オレンジ色の円柱があるアイコンがデータモデルのテーブルです。

　パワーピボットは仕様上、本節のようにパワークエリを使い、【追加方法1】の「ワークシート上に読み込んでから、データモデルに追加」によって、ワークシートにテーブルとして読み込み、かつ、データモデルに追加すると、画面21のようにフィールドセクションには、テーブルが重複されて表示されてしまいます。これでは、少々見づらいと言えるでしょう。

　とりあえずこのままエリアセクションにフィールド（列）を配置して、クロス集計をしてみましょう。リレーションシップを設定したので、データモデルのテーブル（オレンジ色の円柱があるアイコン）の列を用います。ひとまず、「行」にフィールド「カテゴリ」とフィールド「商品名」、「値」にフィールド「数量」を配置してみます（画面22）。

▼**画面22　エリアセクションに各フィールドを配置してクロス集計**

集計はちゃんとできたね

　画面22は前章までと同じように、数量の集計ができています。小計の表示を有効化していませんが、有効化すれば集計結果をC4セルなどに表示できます。また、店舗名のスライサーも追加していませんが、追加すれば店舗名による絞り込みが可能となります。さらには計算列やメジャーも同様に作成して使えます。

　本節での【追加方法1】の解説はここまでとします。【追加方法1】によって、ファイルからデータモデルに追加する方法は大体把握できたでしょうか？　そして、【追加方法1】では先述のとおり、パワーピボットのエリアセクションにテーブルが重複して表示されてしまうことも体験しました。

　次節では、【追加方法2】の「ワークシートを経由せず、データモデルに直接読み込んで追加」を解説します。予告になりますが、ワークシートにテーブルとして読み込みません。そのため、エリアセクションにテーブルが重複して表示されることはありません。さらに【追加方法1】に比べてメリットが得られます。それについては次節で改めて解説します。

　では、現在のブックは次節では使わないので閉じます。保存せずに閉じて破棄するか、もしくは適当な名前で保存しておいてください。保存するなら、保存場所は必ず「売上3」フォルダー以外の場所にしてください。

　なお、「売上3」フォルダー以外に保存するのは単に、次節以降で「データの取り込み」ダイアログボックスにこのブックを表示させないためです。パワーピボットやパワークエリなどのルールで決められていることではありません。

6-3 データモデルに直接読み込んで追加するには

ワークシート上にテーブルとして読み込まない

前節では、パワークエリを使い、複数のファイルに分かれて用意された集計・分析対象のデータから、データモデルに追加する方法の1つ目として、【追加方法1】の「ワークシート上に読み込んでから、データモデルに追加」を学びました。本節では、【追加方法2】の「ワークシートを経由せず、データモデルに直接読み込んで追加」を学びます。

では、解説を始めます。

前節の【追加方法1】では例として、ブック「売上3.xlsx」とブック「店舗マスタ」、CSVファイル「商品マスタ.csv」の3つのファイルから、それぞれ表のデータを取り込みました。データモデルに追加すると同時に、ワークシート上にテーブルとしても読み込みました。

【追加方法2】では、データモデルに追加するだけで、ワークシート上にテーブルとして読み込まれません（図1）。データモデルに直接追加できるのです。この点が大きな違いです。

図1 【追加方法2】はワークシート上にテーブルとして読み込まない

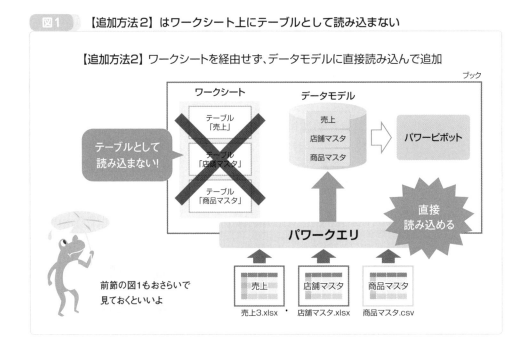

「データのインポート」画面の設定がツボ

【追加方法2】の手順は【追加方法1】とほぼ同じです。違うのは、「データのインポート」画面の設定です。前節では画面6や画面10や画面16のように、「データのインポート」画面で[このデータをデータモデルに追加する]をオンにしました。残りの2つの設定項目はデフォ

ルトのままでした。【追加方法2】では、この残り2つの設定項目のうち、「データを返す先を選択してください。」の項目をデフォルトから変更します。

具体にどのような手順になるのか、本当にデータモデルに追加するだけで、ワークシート上にテーブルとして読み込まれないのか、体験してみましょう。

前節と同じく「売上3」フォルダー内の3つのファイルであるブック「売上3.xlsx」とブック「店舗マスタ」、CSVファイル「商品マスタ.csv」を本節でも使うとします。前節の新規ブックは用いないので、もし閉じていなければ閉じておいてください。

では、【追加方法2】の手順の解説を始めます。

「データのインポート」画面を開くまでの手順は前節の【追加方法1】と変わりません。おさらいを兼ねて、再度提示します。まずはExcelを立ち上げて、「ホーム」画面にて[空白のブック]をクリックするなどして、新規ブックを作成(前節とは別に作成)して開いてください(画面1)。

▼画面1　[空白のブック]をクリックなどで新規ブックを作成

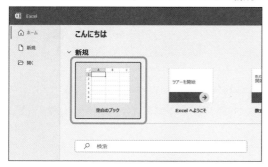

最初は新規ブックを作るよ。
前節のものとは別に新しく作るよ

[データ]タブの[データの取得]→[ファイルから]→[Excelブックから]をクリックしてください(画面2)。

▼画面2　[データの取得]→[ファイルから]→[Excelブックから]をクリック

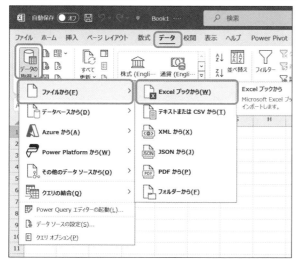

この操作も同じだよ

　「データの取り込み」ダイアログボックスが表示されます。「売上3」フォルダーに移動し、ファイル一覧からブック「売上3.xlsx」を選択したら、[インポート]をクリックしてください（画面3）。

▼**画面3** ［売上3.xlsx］を選択して［インポート］をクリック

　「ナビゲーター」画面が表示されたら、画面左側でブック「売上3.xlsx」のワークシート「売上」をクリックして選んでください。プレビュー表示で内容を確認したら、[読み込み]の[▼]→[読み込み先]をクリックしてください（画面4）。

▼**画面4** ［読み込み］の［▼］→［読み込み先］をクリック

「データのインポート」画面が開きます。[このデータをデータモデルに追加する]をオンにしてください。ここまでの手順は前節の【追加方法1】と全く同じです。

ここで、「このデータをブックでどのように表示するかを選択してください。」で、デフォルトの[テーブル]から変更します。[接続の作成のみ]をオンにしてください（画面5）。

▼**画面5　[接続の作成のみ]をオンにする**

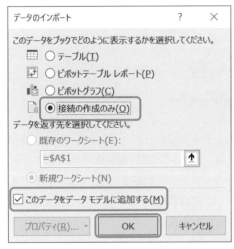

ここがツボ！
[接続の作成のみ]をオンにするよ！！

【追加方法2】では、この[接続の作成のみ]をオンにするのがツボです。【追加方法1】では[テーブル]をオンにしましたが（デフォルトのまま）、[接続の作成のみ]をオンにする点が【追加方法1】との決定的な違いであり、重要なポイントです。ワークシート上にテーブルとして読み込まず、データモデルに直接追加するための設定になります。この設定によって得られる結果の何が違うのか、【追加方法1】に比べてどんなメリットがあるのかは、このあと順次解説します。

そして、[接続の作成のみ]をオンにしたら、「データを返す先を選択してください。」の項目が自動でグレーアウトします。そのため、設定する必要がありません。この項目はテーブルとして読み込む先のワークシートおよびセルを設定するものでした。【追加方法2】ではそもそもワークシート上に読み込まないので、この項目を設定する必要もないため、グレーアウトしたのです。

ここまで設定できたら、[OK]をクリックしてください。すると、ブック「売上3.xlsx」のワークシート「売上」にある売上の表のデータが読み込まれます。その際、Excelの画面は画面6のようになります。

6

▼画面6 ワークシート上にテーブルとして読み込まれない

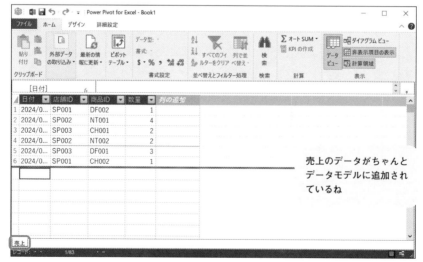

　前節の【追加方法1】とは大きく異なり、ワークシート上にテーブルとして読み込まれません。また、【追加方法1】では新規ワークシートが自動で追加され、名前も変更され、そこにテーブルとして読み込まれますが、画面6ではそもそもワークシートが追加されていません。画面6にあるワークシートは「Sheet1」の1つだけです。これは新規ブック作成時に自動で設けられたワークシートです。

　一方、画面右側の「クエリと接続」作業ウィンドウを見ると、「売上」というテーブルのアイコンが表示され、その下に「83行読み込まれました。」と表示されています。この点は前節の【追加方法1】と同じであり、ブック「売上 3.xlsx」のワークシート「売上」にある売上の表のデータが読み込まれたことを意味しているのでした。

　実際にデータモデルに追加されたのか、確認してみましょう。[Power Pivot] タブの [管理] をクリックするなどして、Power Pivotウィンドウを開いてください。すると画面7のように、テーブル「売上」として売上のデータが追加されていることが確認できます。

▼画面7 データモデルに追加されたことが確認できる

　画面7では、ブック「売上 3.xlsx」のワークシート「売上」の売上の表は、新規ワークシート上にはテーブルとして読み込まれていませんが、データモデルにはテーブルとして読み込まれています。言い換えると、売上の表のデータが内部的にのみ、テーブルとして読み込まれているのです。データモデルのテーブルはワークシート上のテーブルとは別モノであり、「データモデルが内部的に保持する表形式データ」という意味合いが強いと言えます。この点は少々ややこしく、初心者にはわかりづらいのですが、【追加方法1】のようにワークシート上にテーブルとして読み込まれないことだけ把握できていればOKです。

　なお、【追加方法2】で取り込んだデータはブック上でも確認できます。ブックに切り替え、「クエリと接続」作業ウィンドウにて、クエリ「売上」の部分にマウスカーソル（マウスポインター）を合わせてください（以下、マウスオーバー）。すると画面8のように、フキダシのようなポップアップが表示され、取り込んだデータが表形式でプレビューされます。マウスカーソルを外すと、そのポップアップは消えます。ちなみに、この確認方法は【追加方法1】でも可能です。

▼**画面8　「クエリと接続」でも取り込んだデータを確認できる**

取り込んだデータをポップ
アップで見られるよ

　【追加方法2】の手順は以上です。このあと残りの2つのファイルをデータモデルに追加する前に、【追加方法2】のメリットを解説しておきます。

【追加方法2】のメリットとは？

　このように【追加方法2】でデータモデルに追加すると、ワークシート上にテーブルとして読み込まれません。

　そもそもブック「売上3.xlsx」の売上の表をデータモデルに追加したのは、パワーピボットで集計・分析したいからでした。パワーピボットで使うだけなら、データモデルに追加さえしてあればよいのです。ワークシート上にテーブルとして読み込む必要は全くありません。あくまでもパワーピボットで必要とされるのは、データモデルだけなのです。

　前章までのサンプルであったブック「売上1.xlsx」やブック「売上2.xlsx」は、データモデルを持ち、かつ、集計・分析対象のデータの表もその同じブックのワークシート上にもともとありました。本章のサンプル「売上3」では、データモデルと集計・分析対象のデータの表の両者が別のブック／ファイルに分かれています。そうなると、データモデルを持ち、パワーピボットを作成するブック（今回のケースでは新規ブック）のワークシート上に、集計・分析対象のデータを読み込まなくても済むようになるのです。

　そして、第3章3-1節（58ページ）で少し触れましたが、Excelはワークシート上でデータやVLOOKUP関数などが入力されたセルの数が増えるほど、処理が重くなります。3-1節の繰り返しになりますが、ワークシート上のセルは条件付き書式など、さまざまな機能を備えている関係で、使用されるセルの数が増えると、動作が非常に重くなるのでした。

　一方、ビジネスの現場におけるデータ集計・分析では、対象となるデータが何十万件にものぼるケースもあります。つまり、行数が何十万件にのぼる表のデータです。列の数も多くなる場合がしばしばあります。

　パワーピボットで集計・分析する際、そのように分量が多い表のデータを【追加方法1】によって、いちいちワークシート上にテーブルとして読み込んでいては、使用されるセルが膨大な数になってしまいます。すると、Excelの処理が重くなり、集計・分析作業に大きな支障をきたすでしょう。

　【追加方法2】ならその点、集計・分析対象のデータはデータモデルに追加するだけであり、内部的に保持するのみです。ワークシート上にテーブルとして読み込まないので、セルは一切使用しません。それゆえ、データ件数が増えても、Excelの動作が重くならず、集計・分析作業をスムーズに進められる点が、【追加方法1】にはない大きなメリットなのです（図2）。

図2　ワークシート上のセルに読み込まないメリット

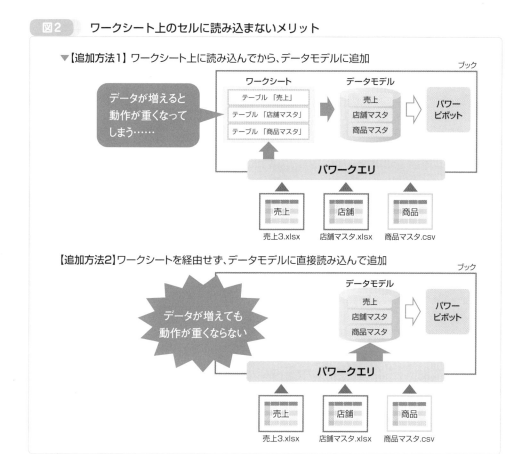

　なお、【追加方法1】は主に、グラフ作成やワークシート関数による加工など、読み込んだ別ブック／ファイルのデータをパワーピボット以外にも同時に使いたい場合に用いるとよいでしょう（6-4節末コラムも参考にしてください）。

残り2つのファイルもデータモデルに直接追加

　本節はここまでに、ブック「売上3.xlsx」を【追加方法2】でデータモデルに追加しました。【追加方法2】のメリットも解説しました。ここからは残りのファイルであるブック「店舗マスタ.xlsx」とCSVファイル「商品マスタ.csv」も、同様に【追加方法2】でデータモデルに追加しましょう。

　先にブック「店舗マスタ.xlsx」から追加するとします。先ほど学んだ【追加方法2】の手順に従い、データモデルに追加してください。その際、「データのインポート」画面にて、忘れずに［このデータをデータモデルに追加する］をオンするとともに、必ず［接続の作成のみ］をオンにしてください。

　ブック「店舗マスタ.xlsx」を取り込み終わった時点でのブックが画面9です。「クエリと接続」作業ウィンドウで、クエリ「店舗マスタ」をマウスオーバーした状態であり、店舗の表が読

み込まれたことが確認できます。

▼**画面9　ブック「店舗マスタ.xlsx」を取り込み終わった画面**

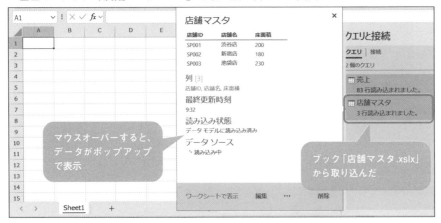

店舗の表もデータモデルに
直接追加したよ

　そして、ブック「売上3.xlsx」の時と同じく、ワークシートは既存の「Sheet1」の1つだけのままです。新規ワークシートが追加され、テーブルとして読み込まれていません。
　また、Power Pivotウィンドウに切り替えると、データモデルに追加されたことも確認できます（画面10）。

▼**画面10　ブック「店舗マスタ.xlsx」がデータモデルに追加された**

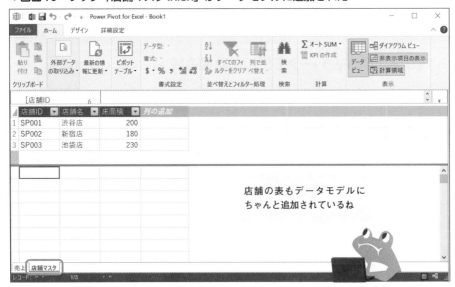

次に、CSVファイル「商品マスタ.csv」も同様に【追加方法2】でデータモデルに追加しましょう。「データのインポート」画面にて、[接続の作成のみ]をオンにする以外は前節と同じ手順です。

CSVファイルの取り込みは、ブックの[データ]タブの「データの取得と変換」グループにある[テキストまたはCSVから]で行うのでした。次に、「データの取り込み」ダイアログボックスが表示されたら、「売上3」フォルダーに移動し、「商品マスタ.csv」を選択したら、[インポート]をクリックするのでした。

すると、「商品マスタ」画面が表示されるので、[読み込み]の[▼]→[読み込み先]をクリックすれば、「データのインポート」画面が表示されるのでした。[このデータをデータモデルに追加する]をオンにし、さらに[接続の作成のみ]も忘れずにオンにしたうえで、[OK]をクリックすれば取り込まれます。

取り込み終わった時点でのブックが画面11です。「クエリと接続」作業ウィンドウにて、クエリ「商品マスタ」をマウスオーバーし、取り込んだデータをプレビュー表示した状態です。

▼画面11　CSVファイル「商品マスタ.csv」を取り込み終わった画面

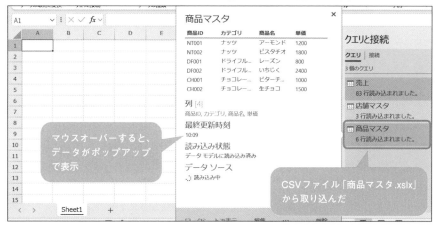

商品の表もデータモデルに直接追加したよ

Power Pivotウィンドウに切り替えれば、データモデルに追加されたことも確認できます（画面12）。

▼**画面12** CSVファイル「商品マスタ.csv」がデータモデルに追加された

商品の表もデータモデルにちゃんと追加されているね

　これで3つのファイルであるブック「売上3.xlsx」、ブック「店舗マスタ.xlsx」、CSVファイル「商品マスタ.csv」のデータをすべて、【追加方法2】によってデータモデルに直接追加できました。

　すべてのファイルについて、ワークシート上にテーブルとして読み込みませんでした。画面11を改めて見直すと、ワークシートは「Sheet1」の1枚のみです。これは先述のとおり、ブック新規作成時のものです。3つのファイルを取り込む際、ワークシートが自動で新たに追加され、テーブルとしてデータが読み込まれたことは一切ありません。

　ワークシート「Sheet1」にも、データ自体を読み込んだセルは1つもありません。このあとパワーピボットで使う箇所があるのですが、それ以外に使用されるセルは1つもありません。そのため、大量のセルの使用が原因で、Excelの動作が重くなる事態は発生しません。それでいて、データモデルには集計・分析対象のデータが漏れなく追加できているので、パワーピボットで集計・分析できます。

直接追加したデータモデルでパワーピボット

　続けて、【追加方法2】で追加したデータモデルを用いて、パワーピボットで少しだけ集計・分析してみましょう。

　最初にリレーションシップを忘れずに設定します。Power Pivotウィンドウをダイアグラムビューに切り替え、これまでと同様に共通の列をドラッグで結び付けてください（画面13）。

▼画面13　リレーションシップを設定

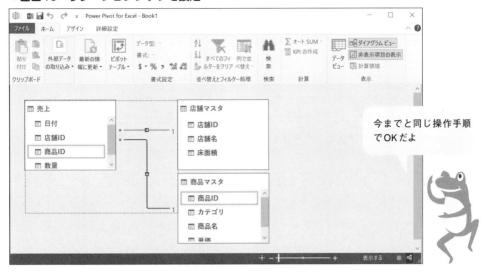

今までと同じ操作手順でOKだよ

リレーションシップを設定できたら、Power Pivotウィンドウの［ホーム］タブの［ピボットテーブル］をクリックするなどして、パワーピボットを作成します。作成場所は今回、ワークシート「Sheet1」のB3セルとします。前節で解説した方法に従い作成してください（画面14）。

▼画面14　作成したパワーピボット

データモデルのテーブルのみ

データモデルのテーブルは、アイコンにオレンジ色の円柱が付くのだったね

　画面14でフィールドセクションに注目していただきたのですが、データモデルのテーブルが3つだけ並んでいます。前節ではワークシート上にテーブルとして読み込んだ関係で、フィールドセクションにはデータモデルのテーブルに加え、ワークシート上のテーブルも重複して一覧表示されていました。本節では、データモデルに直接追加しただけなので、データモデルのテーブルしか一覧表示されておらず、スッキリ見やすくなっています。

　さっそくエリアセクションにフィールド（列）を配置して、クロス集計してみましょう。ここではまず、前節と同じく、「行」エリアにフィールド「カテゴリ」とフィールド「商品名」、「値」エリアにフィールド「数量」を配置するとします。さらに列「店舗名」の右クリックから、スライサーも追加するとします。

　スライサーのサイズと位置の調整も済ませ、かつ、カテゴリの小計も表示するよう設定した状態が画面15です。小計を表示するには、これまで何度か解説したように、［デザイン］タブの［小計］→［すべての小計をグループの先頭に表示する］をクリックするのでした。

▼**画面15　パワーピボットで各列を配置し、小計を表示して、スライサーを追加**

行ラベル	合計 / 数量
⊟チョコレート	55
ビターチョコ	27
生チョコ	28
⊟ドライフルーツ	52
いちじく	28
レーズン	24
⊟ナッツ	67
アーモンド	39
ピスタチオ	28
総計	174

（スライサー：渋谷店／新宿店／池袋店）

ピボットテーブルのフィールド
アクティブ　**すべて**
レポートに追加するフィールドを選択してください：
検索
☑ カテゴリ
☑ **商品名**
☐ 単価
> ⊞ 店舗マスタ
⊟ **売上**
　☐ 日付
　☐ 店舗ID
　☐ 商品ID
　☑ **数量**

次のボックス間でフィールドをドラッグしてください：
▽ フィルター
▥ 列
☰ 行
　カテゴリ
Σ 値
　合計 / 数量

☐ レイアウトの更…　　更新

今までと同じようにパワーピボットで
集計・分析できたね

　このように【追加方法2】によって、ワークシート上にテーブルとして読み込まなくても、別のブック／ファイルに分散したデータをパワーピボットで集計・分析できるのです。

メジャーも作成してみよう

　続けて、「単価×数量」の合計を求めるメジャーを作成してみましょう。得られる合計は第3章や第5章で作成したものと同様のメジャーです。それを別のブック／ファイルから直接追加したデータモデルで作るメジャーになります。メジャー名は同じ「合計_売上」とします。テーブル「売上」に作るとします。

　本節では3つのテーブルがあるので、第5章5-6節（181ページ）で学んだ複数のテーブルに

よるメジャーの作成方法に沿って作成します。データモデルに追加したあとなら、別のブック／ファイルのデータであろうと、メジャーの作成方法は同じです。

　DAX関数のSUMX関数を使い、第1引数にはテーブル「売上」を指定するのでした。

　第2引数には「単価×数量」を求める式として、「RELATED('商品マスタ'[単価])*'売上'[数量]」を指定すればよいのでした。RELATED関数はリレーションシップを設定した別のテーブルの列の値を取得するDAX関数でした。

　以上を踏まえると、DAX式は以下になるのでした。

数　式

```
SUMX('売上',RELATED('商品マスタ'[単価])*'売上'[数量])
```

　では、メジャーを作成しましょう。第3章で学んだ手順のとおり、ワークシート「Sheet1」のパワーピボットのフィールドセクションにて、テーブル「売上」を右クリックし、[メジャーの追加]をクリックしてください。「メジャー」ダイアログボックスが表示されるので、各項目を適宜入力・設定します（画面16）。

6

▼**画面16　「メジャー」ダイアログボックスでメジャーを作成**

メジャー	? ×
テーブル名(T):	売上
メジャーの名前(M):	合計_売上
値の説明(D):	

数式(F):　*fx*　DAX 式を確認(H)

```
=SUMX('売上',RELATED('商品マスタ'[単価])*'売上'[数量])
```

✓ この数式にはエラーがありません

カテゴリ(C):
標準
日付
数値
通貨
真¥偽

書式(Q):　10 進数
小数点以下の桁数(E):　0
☑ 桁区切り (,) を使う

OK　キャンセル

メジャーの作成方法は
これまでと同じだよ

　「メジャーの名前」欄には、今回のメジャー名「合計_売上」を入力します。「数式」欄には、上記のDAX式を「＝」に続けて入力します。その際は入力補助機能を有効活用しましょう。入力し終えたら、[DAX式を確認]をクリックし、問題ないかチェックしておきましょう。最後「カテゴリ」欄で[数値]を選び、[桁区切り (,) を使う]をオンにしたら、[OK]をクリックします。

　これでメジャー「合計_売上」が作成され、フィールドセクションのテーブル「売上」以下

に追加されます。エリアセクションの「値」に配置してください。既存の「合計 / 数量」の下に配置するとします。するとメジャー「合計_売上」による「単価×数量」の合計がD列に表示されます（画面17）。

▼**画面17　メジャー「合計_売上」の集計結果がD列に得られた**

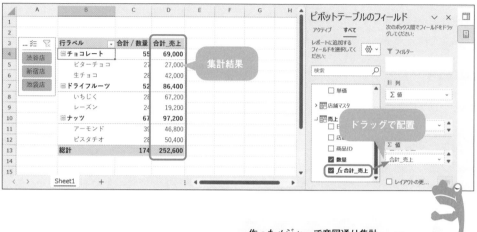

作ったメジャーで意図通り集計
できたね

　本節のメジャー「合計_売上」は画面16のように作成したとおり、第5章5-6節と全く同じメジャーなので、画面17では全く同じ集計結果が得られています。しかし、本節では集計・分析対象のデータが3つのファイルに分けて用意されており、それらをパワークエリで取り込んだことが大きな違いです。

　さらには、前節とは異なり、ワークシート上にテーブルとして読み込まず、データモデルに直接追加しただけです。ワークシート上でテーブルに使われたセルは一切ありません。そのため、集計・分析時にExcelの動作が重くなる事態を防げます。

　また、本節では省略しましたが、計算列も第3章や第5章と同様に作ることができます。

　データモデルに追加する方法の2つ目である【追加方法2】の「ワークシートを経由せず、データモデルに直接読み込んで追加」の解説は以上です。学習に用いたブックを任意の場所（「売上3」フォルダー以外）に任意の名前で保存しておいてください。

　そして、パワークエリの役割の1つ目である「集計・分析対象のデータを取り込む」の学習も以上です。次節では、2つ目の役割である「集計・分析対象のデータを整える」を学びます。

改めて、データモデルについて

　次節に進む前にここで改めて、データモデルについて再度解説します。パワークエリとの関係も整理します。

データモデルは第2章2-2節（30ページ）にて、ザックリとしたイメージとして、「集計・分析対象のデータをはじめ、パワーピボットで必要な要素をまとめておく"入れ物"のような仕組み」と解説しました。大枠はこのとおりです。必要な要素は集計・分析対象のデータに加え、これまで登場したメジャーや計算列、リレーションシップです。2-2節で少し触れた重要な役割「データの"構造"を定義・管理する」は、リレーションシップに該当します。

そして、集計・分析対象のデータについては、本章で学んだとおり、複数のファイルに分かれて用意されていても、データモデルの中で1つに集約できます。これもデータモデルの大きなメリットです。第5章までは集計・分析対象のデータがすべて、同じブック内に揃っていたので、データモデルのありがたみは、ほとんどありませんでした。本章のように、必要なデータが同じブック内に揃っていないケースでこそ、データモデルのありがたみが大きくなります。

もちろん、【追加方法2】のメリットとして、データは内部的に保持するのみで、ワークシート上のセルは一切使用しないかたちで取り込めるので、データ件数が増えてもExcelの動作が重くならない点も、データモデルならではの強みです。約104万行の制限もありません。

そして、複数のファイルに分かれて用意されたデータを整えて（次節で解説）、データモデルに取り込めるのは、パワークエリが使えるからこそなのです。データモデルとパワークエリはこのような関係にあります（図3）。

図3 データモデルのメリット、およびパワークエリとの関係

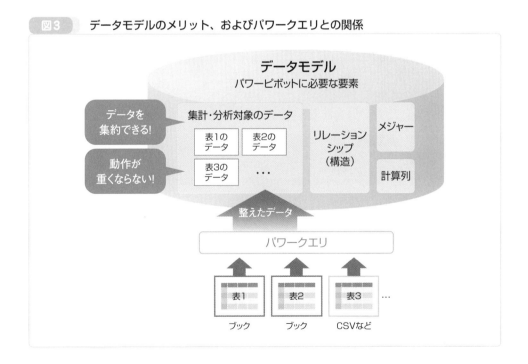

そして、パワーピボットはデータモデルのデータを使って集計・分析を行うのでした。パワークエリの役割は、パワーピボットで集計・分析を行うデータを「取り込む」と「整える」で

すが、両者の間には、内部でデータモデルが介在するかたちになります。このようなパワーピボットとパワークエリとデータモデルの3者の関係も、改めて把握しておきましょう。

コラム

ブックを保存後に再び開いた際の警告

　本節のブックを保存して一度閉じたあとに再び開いた際、リボンの下にセキュリティの警告として「外部データ接続が無効になっています」と表示されたら、[コンテンツの有効化]をクリックしてください（画面）。

▼**画面　次に開いた際は[コンテンツの有効化]をクリック**

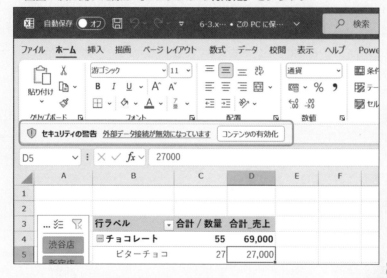

この警告が表示されたら
クリックしてね

　本節の方法でパワークエリを使ってデータモデルに追加してパワーピボットを作ると、ブックを次回以降開く際はExcelの仕様上、このような警告が表示されます。

　余談ですが、警告文にある「外部データ」とは、別のブックやCSVファイルとして取り込んだデータのことです。それらとは「接続」というかたちでデータを取得します。そして、セキュリティなどの関係で、ブックを閉じる度に接続を無効化する仕様となっています。次にブックを開く際は画面のような警告を毎回表示し、有効化する必要があるのです。

コラム

取り込んだファイルを確認・管理するには

●●●

　本節のように、別のブックやCSVファイルなどからデータモデルに取り込んだ際、どのようなブック名／ファイル名なのか、どの場所に保存されているのかは、「データソース設定」画面で確認できます（画面）。同画面を開くには、ブックの [データ] タブの [データの取得] → [データソースの設定] をクリックしてください。

▼画面　「データソース設定」画面

この画面で確認
できるんだね

　また、もしファイルの名前や場所を変更したら、[ソースの変更] で設定しなおせます。他にもさまざまな管理ができます。

　なお、「データソース」とは、集計・分析対象のデータが格納されたファイルなどのことです（図）。パワーピボットで集計・分析対象となるデータの取り込み元がデータソースであり、取り込み先がデータモデルという関係になります。そして両者を結び付けることが「接続」です。かなり乱暴な説明かもしれませんが、初心者はこのようなイメージの理解で構いません。

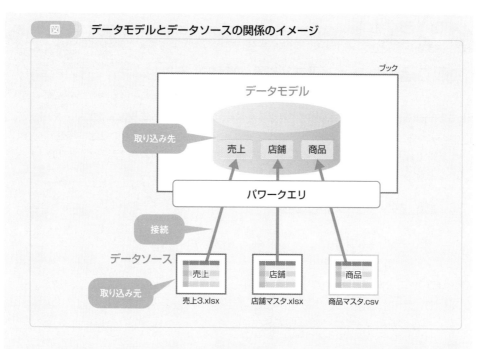

図　データモデルとデータソースの関係のイメージ

そして、データソースの表でデータの追加があったなど、ファイルの中身に変更が生じた場合、第2章2-4節で学んだとおり、ブックの［ピボットテーブル分析］タブの［更新］をクリックをすれば反映させられます。

また、データソースはデータモデルのブックとは別ファイルになるケースもあれば、同じブック内のテーブル（表）になるケースもあります。本書の場合、本章のサンプルが、データソースが別ファイルのケースに該当します。第5章までのサンプルが、データソースが同じブック内のテーブルのケースに該当します。

ちなみに通常のピボットテーブルでも、データソースは登場します。集計・分析対象となるワークシート上の表がデータソースに該当します。データモデルを介さないので、取り込み先は通常のピボットテーブルになります。

6-4 パワークエリで集計・分析対象のデータを整える

パワークエリはデータを整える役割もある

本節からは、パワークエリの2つ目の役割である「集計・分析対象のデータを整える」を学びます。

パワークエリの概要はすでに6-1節で学びました。"汚い状態"のデータの集計・分析をパワーピボットで行うには、"キレイな状態"に整える必要があり、その処理を手作業やマクロ／VBAに比べて、効率よく容易に行えるのがパワークエリでした。

本節では、パワークエリを使って、データを整える方法の基礎を学びます。パワークエリは実に多彩な「整える」ための機能を備えており、本節で学ぶのはそのごく一部です。ほんの入り口に過ぎませんが、パワークエリでデータを「整える」方法の基本を身に付けていただきます。

本節用のサンプル紹介

パワークエリの基礎の学習にあたり、新たに別のサンプルを用います。サンプル名は「売上4」です。本章の2つ目のサンプルになります。1つ目のサンプル「売上3」と同じく、売上の表と店舗の表と商品の表が3つのファイルとして、集計・分析対象のデータが用意されています。

サンプル「売上4」は、本書ダウンロードファイルに「売上4」というフォルダーとして用意しましたので、お手元のパソコンで任意の場所にコピーしてください。ここではデスクトップにコピーしたとします。

「売上4」フォルダーをコピーしたら、ダブルクリックなどで開いてください。以下3つのファイルが含まれています。

・売上4.xlsx
・店舗マスタ.xlsx
・商品マスタ.csv

では、上記3つのファイルを順に解説します。お手元のパソコンでも、ファイルをダブルクリックなどで開き、実物を見ながら以下の解説をお読みください。

売上4.xlsx

売上データの表が1つだけあるExcelのブック（拡張子「.xlsx」）です（画面1）。ワークシート名は「売上」です。

▼**画面1　サンプル「売上4」のブック「売上4.xlsx」の中身**

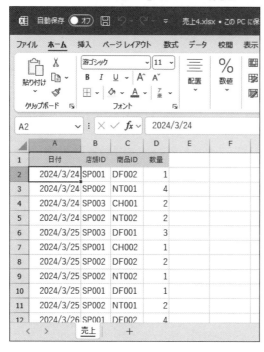

「売上3.xlsx」と同じデータに
見えるけど…

　表の列の構成、データの内容や件数は、サンプル「売上3」の「売上3.xlsx」などと同じなのですが、画面2のように、A列の最終行のデータの下には、1行空けた次のセル（A86セル）に、「データ出力日：2024/4/8」という文言が入力されています。

▼**画面2　A86セルに文言「データ出力日：2024/4/8」が入力されている**

表の最後に余計な文言
が入ってた！

　売上のデータ自体は84行目までなのですが、A列の86行目に余計な文言が入力されてし

まっています。その結果、85行に空白行が挿入された状態にもなっています。このままでは
パワーピボットで正しく集計・分析できません。つまり、"汚い状態"のデータとなっている
のです。そのため、"キレイな状態"に整える必要があります。

このブック「売上4.xlsx」のように、表の下もしくは上に注釈のような文言が入っており、デー
タ収集・分析をジャマしているワークシートはしばしば見受けられるでしょう。この問題を
パワークエリで解決する方法を解説します。

● 店舗マスタ.xlsx

店舗マスタの表が1つだけあるブックです（画面3）。ワークシート名は「店舗マスタ」です。

▼**画面3　サンプル「売上4」のブック「店舗マスタ.xlsx」の中身**

列「床面積」は
なし

ぜんぜん問題ない表に
見えるけどなぁ

表の列の構成は、前章サンプルのブック「売上2.xlsx」のワークシート「店舗マスタ」と全
く同じです。列「店舗ID」と列「店舗名」の2列になります。データも全く同じであり、渋
谷店と新宿店と池袋店の3件です。

前節まで用いていたサンプル「売上3」の「店舗マスタ.xlsx」では、3列目（C列）に列「床
面積」がありましたがが、このサンプル「売上4」の「店舗マスタ.xlsx」にはありません。

実は画面3のような列の構成だと、別ファイルからデータモデルに追加する際にある問題が
起きます。データ自体は問題なく、"汚い状態"のデータではないのですが、それでもExcel
の仕様などの関係で、問題が起きてしまいます。のちほど、その問題の内容の紹介とともに、
パワークエリで解決する方法を解説します。

● 商品マスタ.csv

商品マスタの表が1つだけあるCSVファイル（拡張子「.csv」）です（画面4）。

▼画面4　サンプル「売上4」のCSVファイル「商品マスタ.csv」の中身

列「商品ID」のアルファベット
は大文字に統一されていないね

表の列の構成は、4列目（D列）までは前節のサンプル「売上3」などと同じく、列「商品ID」、列「カテゴリ」、列「商品名」、列「単価」です。

ただし、データの一部が異なります。ここで列「商品ID」に注目してください。よく見ると、商品IDのデータの中で、アルファベットの大文字と小文字が混在しています。ここでは、画面1や画面2のブック「売上4.xlsx」の列「商品ID」のように、すべて大文字が正しいデータとします。よって、画面4の列「商品ID」は"汚い状態"のデータと言えます。このままでは共通の列として使えません。この状態から、パワークエリで"キレイな状態"に整える方法を解説します。

加えて、サンプル「売上4」のCSVファイル「商品マスタ.csv」では画面4のように、5列目（E列）に列「旧商品ID」が追加されています。想定シチュエーションとしては、「商品ID体系が変更されたが、まれに変更前の旧商品IDが必要となるため、最後の列にデータを持たせている」とします。

この列「旧商品ID」そのものは"汚い状態"のデータではないのですが、ここでは想定シチュエーションとして、「列『旧商品ID』は集計・分析に用いない」とします。そして、このCSVファイル「商品マスタ.csv」をデータモデルに追加する際、列「旧商品ID」は不要な列として、パワークエリで削除してから取り込む方法を解説します。

ここで新たに登場した列「旧商品ID」は、シチュエーションや用途の意味などは一切気にせず、「今回の集計・分析には使わない不要な列なので、パワークエリで削除してから取り込む」とだけ把握できていればOKです。

一般的に、集計・分析に不要なデータは取り込まないようにすると、特にデータ件数が多い場合で、動作をより軽くできるといったメリットが得られます。列「旧商品ID」は不要なデー

タのごく単純な一例です。

本節で用いるサンプル「売上4」のフォルダーに含まれる3つのファイルであるブック「売上4.xlsx」、ブック「店舗マスタ.xlsx」、CSVファイル「商品マスタ.csv」の紹介と中身の確認は以上です。すべてのファイルを閉じてください。Excel自体をいったん終了させた状態にします。

ブック「売上4.xlsx」を整えよう

それでは、本節サンプル「売上4」を用いて、パワークエリによって"汚い状態"のデータを"キレイな状態"に整えたり、不要な列の削除などの問題を解決したりしたうえで、データモデルに追加する方法を解説します。解説が長くなるので、次節に分けて解説するとします。

最初はブック「売上4.xlsx」の売上データを整えて、データモデルに追加するとします。

途中までの手順は前節までと同じです。Excelを立ち上げて、「ホーム」画面にて[空白のブック]をクリックするなどして、新規ブックを作成して開いてください。次に[データ]タブの[データの取得]→[ファイルから]→[Excelブックから]をクリックしてください。

「データの取り込み」ダイアログボックスが表示されたら、「売上4」フォルダーに移動し、ファイル一覧からブック「売上4.xlsx」を選択して、[インポート]をクリックしてください。

すると、「ナビゲーター」画面が表示されます。画面左側でブック「売上4.xlsx」のワークシート「売上」をクリックして選んでください。すると、画面右側に売上の表がプレビュー表示されます。

ここまでの手順が前節までと同じです。

さて、「ナビゲーター」画面の右側に表示されているブック「売上4.xlsx」のワークシート「売上」の売上の表をスクロールし、表の末尾を表示してください。すると、画面5のように、最終行の列「日付」に「データ出力日:2024/4/8」と表示されています（画面5では「/8」の部分が見切れています）。これはまさに先ほど画面2で確認したブック「売上4.xlsx」のワークシート「売上」のA86セルの余計な文言「データ出力日:2024/4/8」です。

なおかつ、画面5では、最終行の「データ出力日:2024/4/8」の右側のセルと、最終行手前の空白行にある空白セルすべてに「null」と表示されています。これらは画面2で確認した空白セルです。ナビゲーター画面では、表の途中にある空白セルには「null」と表示するようになっています。画面5の場合、「データ出力日 :2024/4/8」の行までを表と見なしているため、その間の空白セルに「null」と表示しています。

▼**画面5** 「データ出力日：2024/4/8」など余計なデータが含まれている

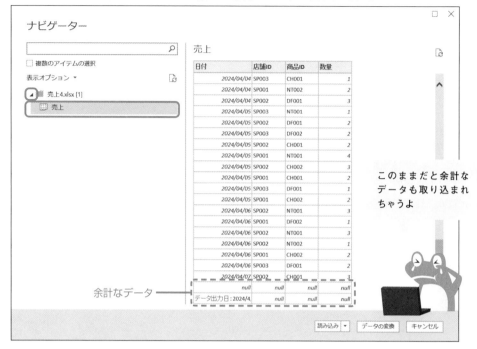

余計なデータ →

このままだと余計な
データも取り込まれ
ちゃうよ

　これからパワークエリを使い、この最後の2行を削除して、"キレイな状態"に整えましょう。「ナビゲーター」画面右下の［データ］の変換］をクリックしてください（画面6）。

▼**画面6** ［データの変換］をクリック

「整える」ときはこっちを
クリックだよ

　今までは［読み込み］の［▼］→［読み込み先］をクリックして、データモデルに追加していました。これはデータがすでに"キレイな状態"であったからです。"汚い状態"のデータの場合、データモデルに追加する前に、パワークエリで"キレイな状態"に整える必要があります。そのためには、［データの変換］をクリックするのです。

　［データの変換］をクリックすると、画面7のように、「Power Queryエディター」画面が別ウィンドウで開きます。

▼**画面7 Power Query エディターが開いた**

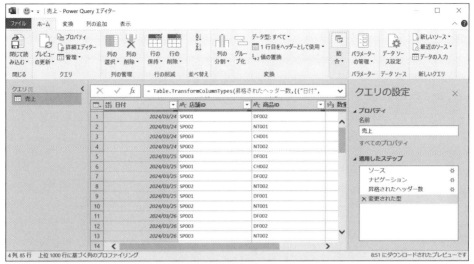

これがパワークエリの
エディターなんだね！

　Power Query エディターはパワークエリによって、データを"キレイな状態"に整えることをはじめ、多彩な加工などがマウス操作を中心に比較的容易に行えるツールです。Excelに標準で装備されているツールです。

　画面中央には、ブック「売上4.xlsx」のワークシート「売上」のデータが読み込まれ、表形式で表示されています。これらのデータに対して、リボン上の各種コマンドを使って加工していきます。必要な加工を必要な数だけ行うことで、データを整えます。

　ブック「売上4.xlsx」の場合、「データ出力日:2024/4/8」が入力されているセルの行と、その前の空白行という末尾の計2行を削除すれば、"キレイな状態"に整えられます。画面7でスクロールしていくと、末尾の計2行を確認できます（画面8）。

▼**画面8 スクロールすると、末尾の2行を確認できる**

	日付	店舗ID	商品ID
80	2024/04/06	SP002	NT002
81	2024/04/06	SP001	CH002
82	2024/04/06	SP003	DF001
83	2024/04/07	SP002	CH001
84	null	null	null
85	データ出力日:2024/4/8	null	null

余計なデータがあったぞ。空白セル
には「null」が入るんだね

　なお、画面8を見ると、「データ出力日 :2024/4/8」が入力されているセルの行番号は85となっています。画面2で確認したワークシート「売上」では行番号は86でした。これは画面7を見ればわかるように、Power Query エディターではデータモデルと同じく、見出し列の行を除いたデータの1行目が行番号1となります。一方、ワークシートは見出し列の行が行番号1なので、Power Query エディターでは行番号が1だけズレるのです。

　さて、この末尾の計2行を整える場合、最終行は余計な文言が入ったセル（列「日付」のセル）だけでなく、行ごと削除するのが手軽です。つまり、末尾2行を丸ごと削除します。

　パワークエリで表の末尾の行を削除するには、Power Query エディターの［ホーム］タブの［行の削除］→［下位の行の削除］をクリックしてください（画面9）。

▼**画面9　［ホーム］タブの［行の削除］→［下位の行の削除］をクリック**

表の末尾の行の削除はこれでやるよ

　「下位の行の削除」画面が表示されます。今回は表の末尾の2行を削除したいのでした。その場合は下位の2行を削除すればよいことになります。「下位の行の削除」画面の「行数」欄に「2」を入力し、［OK］をクリックしてください（画面10）。

▼**画面10　「行数」欄に「2」を入力し、［OK］をクリック**

末尾の2行を削除したいから、「2」を入力してね

　すると、下位の2行（表の末尾の2行）が削除されます。スクロールして確認すると、「デー

タ出力日:2024/4/8」の行とその手前の空白行の計2行が削除されています（画面11）。結果として、最終行が83行目になります。

▼**画面11　下位の2行が削除された**

これでブック「売上4.xlsx」のデータを"キレイな状態"に整えられました。データモデルに追加しましょう。

Power Queryエディターは加工したデータを、その場でデータモデルに追加することもできます。［ホーム］タブの左端にある［閉じて読み込む］の下の［▼］をクリックし、［閉じて次に読み込む］をクリックしてください（画面12）。［閉じて読み込む］そのものをクリックしないよう注意してください（もしクリックすると、データモデルに追加できません。ただし、あとで追加することは可能です）。

▼**画面12　［閉じて読み込む］の［▼］→［閉じて次に読み込む］をクリック**

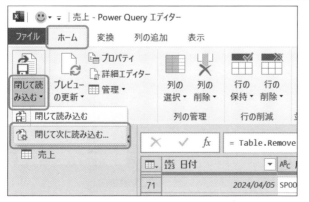

Power Queryエディターは、ここからデータモデルに追加できるんだね

すると、「データのインポート」画面が表示されます。ここまで何度も登場した画面です。［こ

のデータをデータモデルに追加する] をオンにしてください（画面13）。

　ここではワークシート上にテーブルとして読み込まず、データモデルに追加するだけとします。つまり、【追加方法2】です。［接続の作成のみ］をオンにしたら、［OK］をクリックしてください。

▼**画面13**　「データのインポート」画面で設定して［OK］をクリック

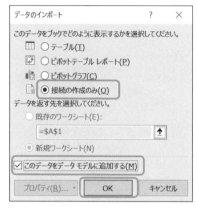

もうすっかりおなじみの
画面だね

　すると、データモデルに追加されます。その際、Power Queryエディターの画面が自動で閉じます。

　ブックの［Power Pivot］タブの［管理］などから、Power Pivotウィンドウを開くと、売上の表が「データ出力日:2024/4/8」の行とその手前の空白行の計2行が削除された状態で、データモデルに追加されたことが確認できます（画面14）。

▼**画面14**　余計な行である末尾の2行を削除して追加できた

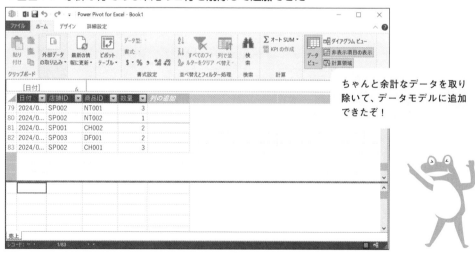

ちゃんと余計なデータを取り
除いて、データモデルに追加
できたぞ！

　これでパワークエリを使い、ブック「売上4.xlsx」を"キレイな状態"に整えてから、データモデルに追加できました。残りの2つのファイルの作業は次節で行います。

6-5 「店舗マスタ.xlsx」と「商品マスタ.csv」もデータを整えよう

● 誤認識された列名を修正する

　本節は前節に引き続き、パワークエリを使い、データを整えたうえで、データモデルに追加する方法を解説します。3つのファイルのうち、残りの2つであるブック「店舗マスタ.xlsx」とCSVファイル「商品マスタ.csv」を整えたのち追加します。

　最初はブック「店舗マスタ.xlsx」です。このブックは前節の画面3で紹介したとおり、データ自体はすでに"キレイな状態"なのですが、ある問題が起きるのでした。その問題とは何か、パワークエリでどう解決するのかをこれから解説します。

　Power Queryエディターを開くまでの手順は、前節のブック「売上4.xlsx」と同じです。まずはExcelブックの［データ］タブの［データの取得］→［ファイルから］→［Excelブックから］をクリックしてください。

　「データの取り込み」ダイアログボックスが表示されたら、「売上4」フォルダーに移動し、ファイル一覧からブック「店舗マスタ.xlsx」を選択したら、［インポート］をクリックしてください。

　すると、「ナビゲーター」画面が表示されます。「ナビゲーター」画面が表示されたら、画面左側でブック「店舗マスタ.xlsx」のワークシート「店舗マスタ」をクリックして選んでください。すると、画面右側に店舗の表がプレビュー表示されます（画面1）。

▼**画面1　列名と1行目のデータがおかしい**

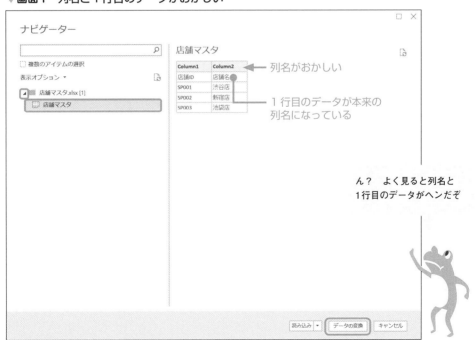

　画面1のプレビューをよく見ていただきたいのですが、列名（列見出し）の部分は、1列目が「Column1」、2列目が「Column2」となっています。そして、本来の列名である「店舗ID」と「店舗名」が表の1行目のデータとなってしまっています。列名と認識されず、1行目のデータと誤認識されてしまいました。なおかつ、替わりに自動で「Column1」と「Column2」という列名が付けられてしまったのです。

　表の列名は通常、インポートしたファイルから自動で認識されるのですが、表の構成やデータなどによっては、画面1のように正しく認識されない事象が発生します（筆者環境では、数値データが一切ない表で、この事象が発生しました）。

　この問題はパワークエリで簡単に解決できます。画面1の「ナビゲーター」画面で［データの変換］をクリックし、Power Queryエディターを開いてください。そして、［ホーム］タブの中央付近の「変換」グループにある［1行目をヘッダーとして使用］をクリックしてください（画面2）。

▼**画面2　［ホーム］タブの［1行目をヘッダーとして使用］をクリック**

ここをワンクリックで
修正できるよ

　これで、本来の列名である「店舗ID」と「店舗名」が無事列名になりました（画面3）。表の1行目のデータと誤認識されていた状態を解消できたのです。

▼**画面3** 「店舗ID」と「店舗名」が列名になった

あとは前節と同様に、[閉じて読み込む]の[▼]→[閉じて次に読み込む]をクリックして、「データのインポート」画面を開き、[このデータをデータモデルに追加する]と[接続の作成のみ]をオンにしてから、[OK]をクリックして、データモデルに追加してください。

Power Pivotウィンドウで確認すると、意図通りデータを整えたうえで、データモデルに追加されたことが確認できます（画面4）。

▼**画面4** 「店舗ID」と「店舗名」が列名で、データモデルに追加できた

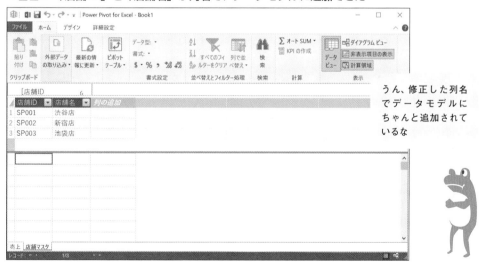

表記の統一と不要な列の削除

最後はCSVファイル「商品マスタ.csv」です。このデータは列「商品ID」でアルファベッ

トの大文字小文字が混在していたのでした。あわせて、5列目に不要な列「旧商品ID」を含んでいるのでした。

　まずは列「商品ID」でアルファベットの大文字小文字が混在している状態を、正しい商品IDのとおり、すべて大文字に整えましょう。この加工もPower Queryエディターで簡単にできます。

　さっそくやってみましょう。Excelブックの［データ］タブの「データの取得と変換」グループにある［テキストまたはCSVから］をクリックしてください。「データの取り込み」ダイアログボックスが表示されたら、「売上4」フォルダーに移動し、CSVファイル「商品マスタ.csv」を選択したら、［インポート］をクリックしてください。すると、「商品マスタ.csv」画面が表示されます（画面5）。

▼**画面5** 「商品マスタ.csv」がインポートされ、プレビュー表示された

　プレビューを見ると、確かに列「商品ID」でアルファベットの大文字小文字が混在しています。また、列「旧商品ID」を含んでいます。

　では、［データの変換］をクリックして、Power Queryエディターを開いてください。

　アルファベットの大文字小文字を統一するには、まずは目的の列を選択します。恐らくすでに列「商品ID」が選択された状態になっているかと思いますが、選択方法を解説しておきます。列「商品ID」の列名の部分をクリックすると、列「商品ID」全体が選択されます。

　その状態で、［変換］タブの中央やや右寄りにある［書式］をクリックし、［大文字］をクリックしてください（画面6）。今回は大文字に統一したいので、［大文字］をクリックします。

▼**画面6　列「商品ID」を選択し、[変換] タブの [書式] → [大文字] をクリック**

すると、列「商品ID」のアルファベットがすべて大文字に統一されます（画面7）。

▼**画面7　列「商品ID」のアルファベットがすべて大文字になった**

スクロールすれば、全部大文字に
なったのが確認できるよ

続けて、不要な列である列「旧商品ID」を削除しましょう。

Power Queryエディターにて、列「旧商品ID」の列名の部分をクリックし、列全体を選択
してください。もし、列「旧商品ID」が隠れていたら、横方向にスクロールして表示してお
いてください。

列「旧商品ID」の列全体を選択した状態で、［ホーム］タブの［列の削除］をクリックしてください（画面8）。［▼］の部分ではなく、その上の部分をクリックします。

▼**画面8　列「旧商品ID」を選び、［ホーム］タブの［列の削除］をクリック**

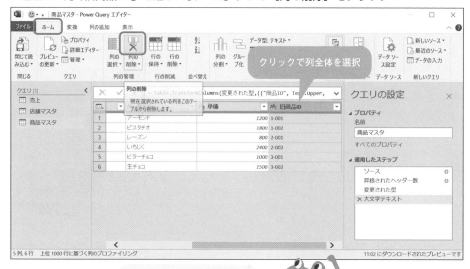

列の削除はここからできるよ

すると、列「旧商品ID」が削除されます（画面9）。

▼**画面9　不要な列「旧商品ID」が削除された**

不要な列の削除も
カンタンだね

　なお、画面9では1列目の列「商品ID」が隠れていますが、スクロールすれば確認できます。誤って削除されたわけではありません。

　これで、列「商品ID」でアルファベットの大文字小文字が混在していた"汚い状態"を大文字に統一して、"キレイな状態"に整えられました。あわせて、不要な列「旧商品ID」を削除できました。

　あとは前節と同様に、[閉じて読み込む]の[▼]→[閉じて次に読み込む]をクリックして、「データのインポート」画面を開き、[このデータをデータモデルに追加する]と[接続の作成のみ]をオンにしてから、[OK]をクリックして、データモデルに追加してください。

　Power Pivotウィンドウで確認すると、ブック「店舗マスタ.xlsx」の店舗のデータが意図通りデータモデルに追加されたことが確認できます（画面10）。

▼画面10　「商品マスタ.csv」を整えてデータモデルに追加できた

よしっ、整えた状態で
データモデルに追加で
きているな

　以上で、サンプル「売上4」のフォルダーに含まれる3つのファイルであるブック「売上4.xlsx」、ブック「店舗マスタ.xlsx」、CSVファイル「商品マスタ.csv」について、すべて"キレイな状態"にしたり、不要な列を削除したりするなどして、整えられました。あとは今までと同じく、リレーションシップを設定すれば、パワーピボットで集計・分析できます（画面11）。

▼**画面11** 整えたデータを使い、パワーピボットで集計・分析

ここから先の操作は
6-3節や第5章とかと
同じだよ

パワークエリのメリットと「クエリ」の正体

前節と本節で体験したとおり、パワークエリを使うとデータを整えられます。置換機能などExcel標準の各種機能や各種関数、マクロ／VBAを使わなくても、Power Queryエディターの簡単な操作によって、手軽に整えられるのが大きな特長です。

そして、これら整えるために行った加工の手順は、「ステップ」として、すべて記録されます。この点もパワークエリの大きな特徴です。

Power Queryエディター画面の右側の「クエリの設定」以下に「適用したステップ」欄があり、加工のステップはそこに一覧表示されます。例えば先ほど「商品マスタ.csv」を整えた際の画面9では、図1のように加工のステップが記録され、「適用したステップ」欄に一覧表示されています。ステップ「大文字テキスト」が列「商品ID」のアルファベットを大文字に統一した加工に該当します。ステップ「削除された列」が不要な列「旧商品ID」を削除した加工に該当します。その前の3つは自動で実行されたステップです（詳細の解説は割愛）。

図1 加工のステップが「適用したステップ」に記録されている

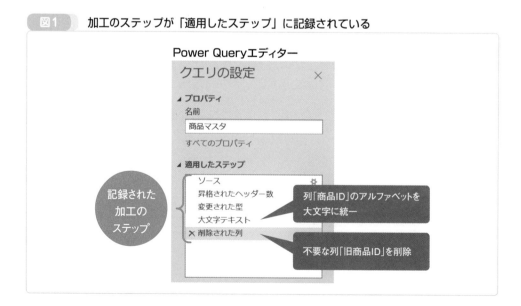

　加工後のデータそのものではなく、加工のステップが記録されているのがツボです。加工後のデータなら、データが新しくなる度に、同様の加工作業が必要となります。その点、加工のステップがあれば、その後もデータを渡せ、同様のステップによって自動で加工できます。つまり、何度でもデータを自動で整えられるのです。

　さて、本章ではパワークエリを使ってデータモデルに追加する操作を行ってきましたが、追加後のブックでは「クエリと接続」作業ウィンドウの「クエリ」が表示されているなど、「クエリ」という用語がしばしば登場していました。

　クエリは6-2節にて、「データをファイルなどから読み込んで、整えて、指定した形式で取り込む一連の "ステップ" のまとまり」と紹介しました。この紹介における「"ステップ"」が、まさに本節における加工のステップです。そして、図1のように、記録された加工のステップのまとまりこそが「クエリ」の正体です（図2）。

図2　クエリの正体のイメージ

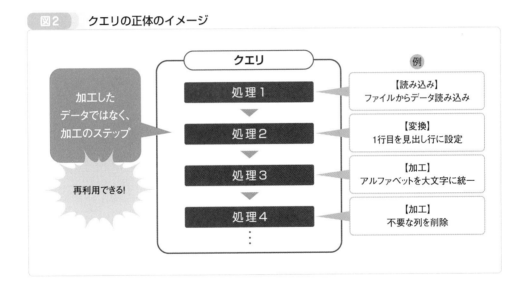

　さらにクエリには加工だけでなく、データを最初にファイルなどから読み込むステップ、データを変換するステップなども含まれています。加工をはじめとする一連の処理のステップのまとまりがクエリです。

　クエリの正体は以上です。実は表面的なことのみを抽象的に解説しただけですが、パワークエリ初心者にとっては、何となくでよいので、このようなイメージで捉えておけば十分でしょう。

　本章で学ぶパワークエリの必要最小限の "基礎の基礎" は以上です。本章で体験した「取り込む」と「整える」はほんの一例です。パワークエリの基礎には、まだまだ学んでおきたい内容がたくさん残っていますが、本書ではここまでとします。続きは本書の続編である『Excel パワーピボット＆パワークエリのツボとコツがゼッタイにわかる本　実践編』（2024年内発売予定）で改めて解説します。

コラム

パワークエリはパワーピボット以外にも使える

パワークエリにはなぜワークシート上にテーブルとして読み込む機能があるでしょうか？　なぜ「データのインポート」画面には、[このデータをデータモデルに追加する]という項目があり、データモデルに追加する／しないを選べるようになっているのでしょうか？　しかもデフォルトでオフになっています。

その大きな理由は、6-3節の【追加方法1】の補足で少し触れましたが、パワークエリによるデータの取り込みは、パワーピボット以外でも使えるからです。例えばパワークエリを使い、複数のファイルに分散したデータを、目的のブックのワークシート上にテーブルとして取り込んだら、そのままテーブルとして使用したり、グラフ化したり、通常のピボットテーブルで集計・分析したりするなど、パワーピボット以外に使ってもよいのです。その場合はデータモデルに取り込む必要はありません。そのため、データモデルに追加する／しないを選べるようになっているのです。

さらに前節と本節で学んだデータを「整える」についても同様です。整えたデータはパワーピボットだけでなく、通常のピボットテーブルやグラフなどに使ってもよいのです。

おわりに

いかがでしたか？　本書では"基礎の基礎"とはいえ、パワーピボットはデータモデルから計算列、メジャー、DAXなど、さまざまな内容を学んだため、大変だったことでしょう。パワークエリもほんの入り口とはいえ、さまざまな機能とその操作手順だけでなく、クエリや接続など、あまりなじみのない概念もいくつか登場し、学ぶのが大変だったかと思います。

「はじめに」でも述べましたが、本書の内容はもちろん、一読しただけでは身に付かないので、適宜おさらいしてください。そのなかで知識への理解を深め、操作に馴染んでいくなどして、自分の血肉としていってください。

そして、本書で身に付けた"基礎の基礎"があれば、読者の皆さんがこのあとパワーピボットとパワークエリをさらに深く学んでいく際、大いに役立つと確信しています。解説を読んで、提示された操作をひととおり行った際、結局何をやっているのか、なぜその操作が必要なのかなどを理解することの強力な手助けとなるでしょう。

読者の皆さんの多くは、本書を卒業したあともパワーピボットとパワークエリの学習が続くので、本書を出発点として、着実に歩みを進めていってください。

読者の皆様が仕事でパワーピボットとパワークエリを活用できるようになることに、本書がその一助になることを願っております。

索 引

立山 秀利（たてやま ひでとし）

フリーライター。1970年生まれ。
筑波大学卒業後、株式会社デンソーでカーナビゲーションのソフトウェア開発に携わる。
退社後、Webプロデュース業を経て、フリーライターとして独立。現在は『日経ソフトウエア』でPythonの記事等を執筆中。『PythonでExcelやメール操作を自動化するツボとコツがゼッタイにわかる本』『図解！ Pythonのツボとコツがゼッタイにわかる本 "超"入門編』『図解！ Pythonのツボとコツがゼッタイにわかる本 プログラミング実践編』『図解！ ChatGPT×Excelのツボとコツがゼッタイにわかる本』『Excel VBAのプログラミングのツボとコツがゼッタイにわかる本 [第2版]』『VLOOKUP関数のツボとコツがゼッタイにわかる本』『図解！ Excel VBAのツボとコツがゼッタイにわかる本 "超"入門編』（秀和システム）、『入門者のExcel VBA』『実例で学ぶExcel VBA』『入門者のPython』（いずれも講談社）など著書多数。GPTなどAIの仕組みを初心者向けに解説した書籍や記事も執筆。
Excel VBAセミナーも開催している。
セミナー情報　http://tatehide.com/seminar.html

・Python関連書籍
「PythonでExcelやメール操作を自動化するツボとコツがゼッタイにわかる本」
「図解！ Pythonのツボとコツがゼッタイにわかる本 "超"入門編」
「図解！ Pythonのツボとコツがゼッタイにわかる本 プログラミング実践編」

・Excel関連書籍
「図解！ ChatGPT×Excelのツボとコツがゼッタイにわかる本」
「Excel VBAでAccessを操作するツボとコツがゼッタイにわかる本 [第2版]」
「Excel VBAのプログラミングのツボとコツがゼッタイにわかる本」
「続 Excel VBAのプログラミングのツボとコツがゼッタイにわかる本」
「続々 Excel VBAのプログラミングのツボとコツがゼッタイにわかる本」
「Excel関数の使い方のツボとコツがゼッタイにわかる本」
「デバッグ力でスキルアップ！ Excel VBAのプログラミングのツボとコツがゼッタイにわかる本」
「VLOOKUP関数のツボとコツがゼッタイにわかる本」
「図解！ Excel VBAのツボとコツがゼッタイにわかる本 "超"入門編」
「図解！ Excel VBAのツボとコツがゼッタイにわかる本 プログラミング実践編」

・Access関連書籍
「Accessのデータベースのツボとコツがゼッタイにわかる本 2019/2016対応」
「Accessマクロ&VBAのプログラミングのツボとコツがゼッタイにわかる本」

カバーイラスト　mammoth.

Excel パワーピボット＆
パワークエリのツボとコツが
ゼッタイにわかる本　超入門編

発行日　2024年　3月 24日	第1版第1刷

著　者　立山　秀利

発行者　斉藤　和邦
発行所　株式会社　秀和システム
　　　　〒135-0016
　　　　東京都江東区東陽2-4-2　新宮ビル2F
　　　　Tel 03-6264-3105（販売）Fax 03-6264-3094
印刷所　三松堂印刷株式会社　　　　Printed in Japan

ISBN978-4-7980-7156-5 C3055